超人气
家庭面包
制作食谱

HOMEMADE
BREAD

吴育娟 | 著

中国轻工业出版社

序

—

 **让面包细水长流般地
存在于我们的日常**

面包是大家非常熟悉且喜爱的食物，从台式面包到日式、欧式、德式面包等，面包种类越来越丰富，大家除了追求口感美味之外，也越来越重视面包本身的热量、营养及成分。除了可以选择自己信赖的店家购买面包之外，也可以试着学习在家自制面包，认识面包的各种材料及制作过程，做出属于自己独一无二的面包。

当初在设想这本食谱时，我是以"小面包"为设计主轴，不仅份数刚刚好，也让大家在家里制作以及保存都更方便容易；在内容上分为三个系列，第一个系列："是面包也是美好的时光——陪伴我们的餐食"，选出多款适合搭配抹酱、也适合做成三明治的面包或吐司，每天都可以做不同的咸甜搭配，还有适合直接当作下午茶的点心面包。第二个系列："是面包也是生活的滋味——酸、甜、苦、辣、咸"，里面有许多特色口味，有些灵感来自平常做料理的心得，希望可以丰富大家的味蕾。第三个系列："是面包也是四季的风景——享受季节的风味"，使用当季的蔬菜、水果，不但价格经济，更是营养美味，将它们细心地揉入面团中，不只颜色美丽，也让面包中增加了膳食纤维及蛋白质，制作成面包后的口感会颠覆你对原本食材的印象，请大家一定要试试看。

在制作这本食谱时，不管是配方还是做法，希望在食材上，让读者可以有季节更迭的感觉，借此感受四季，而且吃得健康；在面包的口味上，因为是做给自己和亲友，想要呈现材料单纯，即使常常吃也不会腻，吃完后不会给健康增加负担，让面包细水长流般地存在于我们的日常中。

本书可以顺利完成，包含了身边很多人的支持、鼓励，尤其谢谢Tobe Cooking Studio的鼎力协助，谢谢欧阳米米在这次食谱设计上给了我很多建议；感谢这次的工作团队，陪着我在拍摄期间早出晚归。当时过程中的辛苦，现在想起来都有回甘的幸福，希望阅读这本书的每一个你，也能在完成面包时，感受到这份幸福。

吳依娘
Candy

CONTENTS 目录

CHAPTER
1

Baking Tools & Ingredients
本书使用的
烘焙器材与食材

CHAPTER
2
Making Bread Together
一起练习做面包

PART 1

Wonderful Time
是面包也是美好的时光
陪伴我们的餐食

白面团为基底，单吃有淡淡香甜，
搭配咸、甜抹酱或自己喜欢的配料，
每一天都可以有不同的美味。

PART 2

Taste of Life
是面包也是生活的滋味
酸、甜、苦、辣、咸

结合日常煮食的料理，
把认真过日子的酸、苦、痛，
以及开心与美好，全都加进面包里。

PART 3

Seasonal Flavors

是面包也是四季的风景
享受季节的风味

在每种水果味道最好的时刻，用心揉进面团里；
感受两者完美融合，是从视觉到口感的绽放。

如何使用本书
HOW TO USE THIS BOOK

NOTE注意事项
- 食谱使用单位
  1大匙=15克；1小匙=5克
- 材料栏内标示
  奶油皆为无盐奶油，使用含盐奶油则注明为有盐奶油。
  酵母粉为耐糖酵母粉。
- 面包焙烤阶段的上、下火设定皆为同一个温度。

1 介绍料理结构与口感，方便选择。

2 精致美观的成品图。

果酸奶面包

火龙果都被当作水果吃，当颜色艳丽的火龙果加到面团里后，
做出的面包也是相当的好看，口味比较清淡的火龙果，
在这里搭配上酸奶，可以让面包更有风味。

3 加入面团里的精选季节食材，吃得健康、低负担。

4 前置作业，提前准备好，缩短制作面包的时间。

5 每款面包食材表中做出来的成品量。

预先准备

将火龙果去皮后，切成大块称重后备用。

6 正确的分量是料理成功的基础。

成品量

10个／每个60克

做法

面团

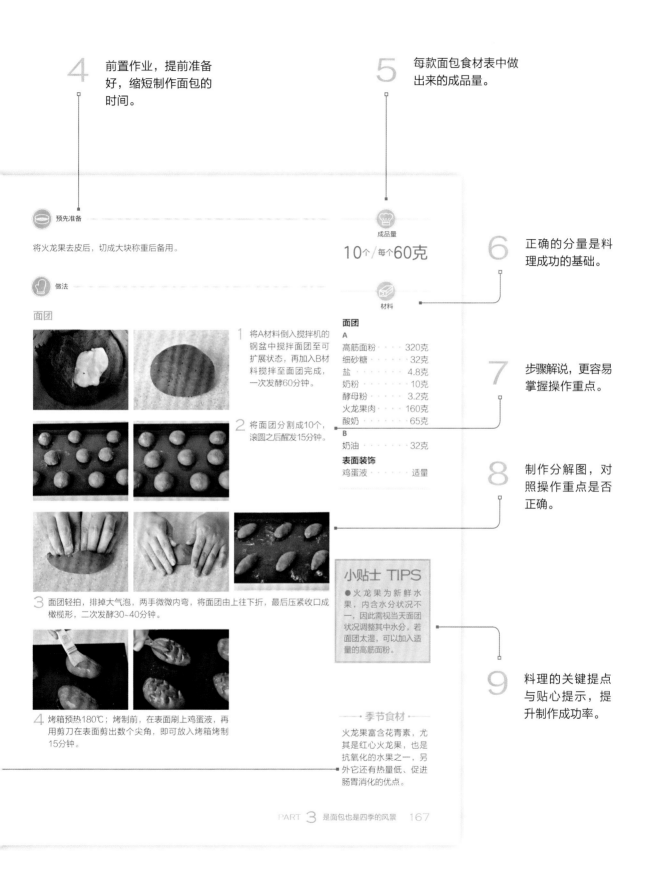

1 将A材料倒入搅拌机的钢盆中搅拌面团至可扩展状态，再加入B材料搅拌至面团完成，一次发酵60分钟。

2 将面团分割成10个，滚圆之后醒发15分钟。

3 面团轻拍，排掉大气泡，两手微微内弯，将面团由上往下折，最后压紧收口成橄榄形，二次发酵30~40分钟。

4 烤箱预热180℃；烤制前，在表面刷上鸡蛋液，再用剪刀在表面剪出数个尖角，即可放入烤箱烤制15分钟。

材料

面团

A

高筋面粉	320克
细砂糖	32克
盐	4.8克
奶粉	10克
酵母粉	3.2克
火龙果肉	160克
酸奶	65克

B

奶油	32克

表面装饰

鸡蛋液	适量

7 步骤解说，更容易掌握操作重点。

8 制作分解图，对照操作重点是否正确。

小贴士 TIPS

● 火龙果为新鲜水果，内含水分状况不一，因此需视当天面团状况调整其中水分，若面团太湿，可以加入适量的高筋面粉。

9 料理的关键提点与贴心提示，提升制作成功率。

—— · 季节食材 · ——

火龙果富含花青素，尤其是红心火龙果，也是抗氧化的水果之一，另外它还有热量低、促进肠胃消化的优点。

CHAPTER
1

Baking Tools & Ingredients
本书使用的
烘焙器材与食材

基本烘焙器材
BAKING TOOLS

以下介绍面包制作会用到的基础用具，重点工具备齐了，制作面包会更容易。

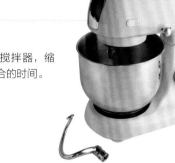

发酵盆

用于面团发酵，有足够的空间，以便观察发酵程度。

橡皮刮刀

可以轻轻地混合材料，或将容器中的材料刮出来。可选用弹性较好、耐高温的硅胶制品。

搅拌机

搭配勾状搅拌器，缩减面团混合的时间。

焙烤纸

可以避免成品底部粘连烤盘，也可依照烤盘大小裁剪。

面包布

用于面团发酵时，可以蘸取水分，覆盖在面团上，避免面团水分流失，减少环境温度的变化。

圆形刮板

在桌面制作面团时，帮助湿性与干性材料的拌和，并可将面团分割或塑形成工整的形状。

发酵帆布

面团发酵时，覆盖使用。

不粘焙烤布

可以避免成品底部粘连烤盘，清洗干净就可重复多次使用。

筛网

用于过滤蛋汁、粉类，避免结块，或是混合不均的问题。

打蛋器

除了用来打蛋，也常用于粉类或面糊材料混合。

毛刷

用于模具抹油防粘或面团烤焙前涂刷鸡蛋液、橄榄油等。

凉架

用于面包烤好后散热放凉。

烘焙用电子秤

轻量食材需要靠电子秤才能够精确称出需求的量，选择最少可以精确至0.1克的秤。

钢盆

底部圆弧形的不锈钢盆，混合面团时不会有死角，且耐用、易清洗。

划线刀

用于面包烤焙前的纹路造型。

剪刀

用于面包焙烤前的造型，例如，剪开口或麦穗状。

保鲜膜

用于食材保鲜、保湿，面团发酵也会用到。

计时器

用于提醒面团发酵与烘烤时间，避免过度发酵或太过上色以及烤焦。

擀面棍

能均匀将面团擀成平整的厚度与大小。

喷水瓶

用于面团保湿，或面包焙烤前喷水，增加外层脆度。

量匙

方便粉类计量，以平匙的量为准。

量杯

量杯用于称量液体材料，以平视的刻度为准。

挤花袋、挤花嘴、三明治袋

面糊装饰造型、添加内馅时使用。

日本正方形吐司模
（7.5厘米×7.5厘米×7.5厘米）

用于焦糖坚果方块吐司造型。

电子温度计

测量面团温度时使用。

发酵藤篮（直径22厘米）

用于无花果酸种面包的发酵与定形。

墨西哥圆纸模
（底部直径8厘米×高3厘米）

用于圆面包造型，也方便拿取。

水果条烤模、不粘水果条烤模

常用于蛋糕制作，本书中用于制作长形小吐司等。

大烤盘、小烤盘

依照个人烤箱大小挑选不粘烤盘，面包发酵以及烤制出炉时使用。

咕咕霍夫模（底部直径6厘米×高5厘米×最大直径10厘米）

分类有单个的，也有连模式的，可依个人喜好挑选。

本书使用食材
INGREDIENTS

食材是成品完成度、风味与口感的关键，选用对的材料，才能大大提升烘焙的成功率。

面粉

各式面粉蛋白质含量不同、筋性不同，会影响面团延展与膨胀，相对成品的松软度与口感也大不相同。除了面团制作，面粉也是最常用于表面装饰的材料。

高筋面粉　　　　低筋面粉　　　　全麦面粉　　　　裸麦面粉

糖类

糖除了调味、装饰，在面包烘焙中，也具有面团保湿的作用，更是面团发酵时酵母的养分。所以配方中面团的糖分不可随意减量，避免影响成品的完成度。

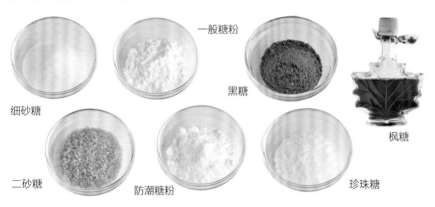

一般糖粉

黑糖

枫糖

细砂糖

二砂糖　　　　　防潮糖粉　　　　　珍珠糖

液体油

液体油除了用于表面装饰之外，在面团中加入橄榄油，会使整体口味清爽，并大大降低脂肪含量，因此食谱中也有多款面包是采用橄榄油取代奶油的面团，健康又低负担。

初榨橄榄油　　　米糠油　　　葡萄籽油

酵母粉

两种酵母粉耐糖程度不同，一般甜面团使用耐糖酵母粉，适合制作日式或台式面包；欧式面包则使用低糖酵母粉。

耐糖酵母粉

低糖酵母粉

盐类

盐在面团中占量很少，几乎吃不出味道，主要作用是抑制酵母过发、紧实面团筋性以及增加面包弹性。海盐在本食谱中，则是用于面包表面装饰与调味。

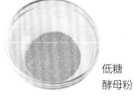

食盐

海盐

乳制品

奶油能增加面团延展性、保湿性与光泽度。牛奶、炼乳、酸奶用于调味，变化面团的香气；乳酪类则多用于内馅。

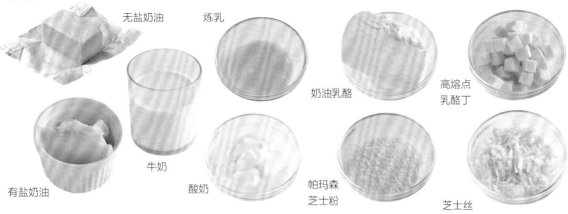

无盐奶油

炼乳

奶油乳酪

高熔点
乳酪丁

有盐奶油

牛奶

酸奶

帕玛森
芝士粉

芝士丝

坚果／五谷

主要增加面团咀嚼感的层次，坚果也含有丰富的油脂、其他营养素，适量添加，面包香气十足。

白芝麻

黑芝麻

核桃

杏仁角

胡桃

杏仁片

夏威夷豆

南瓜子仁

燕麦片

葵花籽仁

糖渍栗子

腰果

蛋／豆类／豆制品

蛋在面包中，有增加面团弹性、保湿的作用，成品口感松软。豆浆、豆腐则是增加面团香气，蜜黑豆与红豆沙则用于内馅或表面装饰居多。

蛋

豆腐

豆浆

蜜黑豆

红豆沙

肉类

用于日式、台式面包的内馅，增加蛋白质与饱腹感。

培根

猪肉馅

鸡胸肉

熏鸡肉

水渍鲔鱼

酒类

与果干一起浸泡，再加入面团，可增加风味变化。

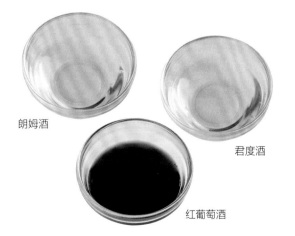

朗姆酒

君度酒

红葡萄酒

果汁 / 果泥 / 果酱

调整颜色、用于内馅、调味、增加香气。

橙汁

桑葚果酱

芒果泥

玫瑰茄果酱

中西酱料

用于本食谱中的咸味面包，台式、日式的面包搭配起来咸甜交融；欧式面团，滋味则是淡淡咸香，香气越嚼越明显。

白味增

酱油

山葵酱

蛋黄酱

法式芥末籽酱

果干

用于面团混合、装饰以及用作内馅，增加整体面包口味的层次感。

酒渍葡萄干

葡萄干

蜜渍橙皮丁

蔓越莓干

紫苏梅

酒酿桂圆

柚子皮干

红葡萄酒无花果干

金橘干

菠萝果干

风干番茄

巧克力

用于调味、调色内馅以及
表面装饰。

水果

柠檬、柑橘类，果皮、果肉都常用于制作面包调味、装饰。加入火龙果、百香果可使成
品美观。

苦甜巧克力

水滴巧克力

白巧克力

柠檬

香蕉

小番茄

柳橙

苹果

百香果

火龙果

牛油果

调味粉、料 / 香草 / 辛香料

除了一般的香料，香草以及兼具调色功能并且接受度很高的抹茶、巧克力、咖啡粉等，都拥有明显的颜色、气味特色，食谱中也运用了红椒粉、墨鱼酱、咖喱、蜂蜜丁等天然食材，使面包的成品色彩缤纷、滋味多变。

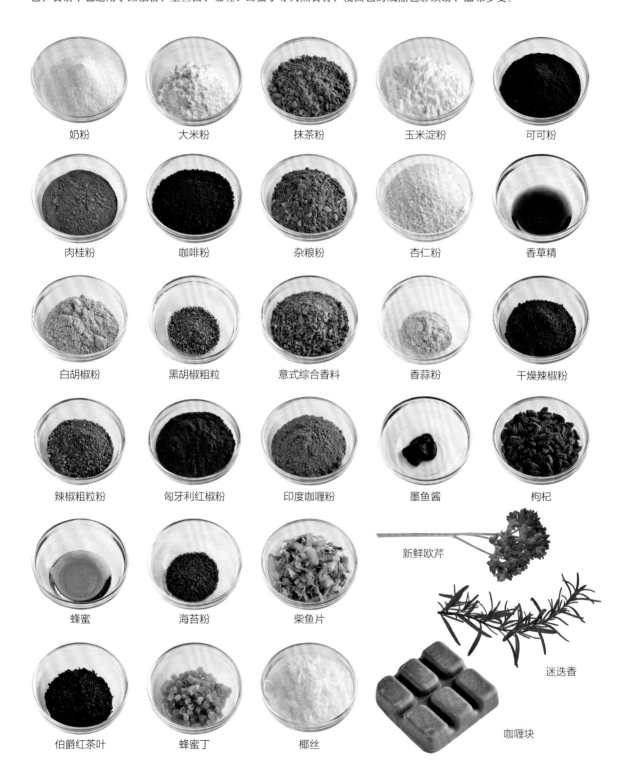

奶粉　　大米粉　　抹茶粉　　玉米淀粉　　可可粉

肉桂粉　　咖啡粉　　杂粮粉　　杏仁粉　　香草精

白胡椒粉　　黑胡椒粗粒　　意式综合香料　　香蒜粉　　干燥辣椒粉

辣椒粗粒粉　　匈牙利红椒粉　　印度咖喱粉　　墨鱼酱　　枸杞

蜂蜜　　海苔粉　　柴鱼片　　新鲜欧芹

迷迭香

伯爵红茶叶　　蜂蜜丁　　椰丝　　咖喱块

蔬菜

用于季节限定特色面包的面团调色，创意口味与馅料，不仅增添膳食纤维与维生素，还丰富了面包的口感。

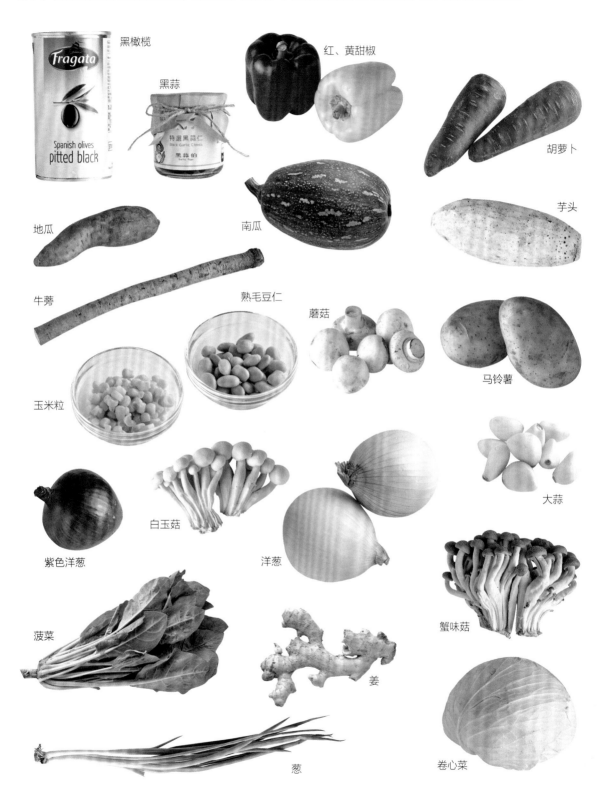

黑橄榄

黑蒜

红、黄甜椒

胡萝卜

芋头

地瓜

南瓜

牛蒡

熟毛豆仁

蘑菇

玉米粒

马铃薯

白玉菇

大蒜

紫色洋葱

洋葱

蟹味菇

菠菜

姜

卷心菜

葱

CHAPTER 2

Making Bread Together

一起练习做面包

面团基本制作流程——直接法
BASIC BREAD DOUGH

制作流程

1. 搅拌面团

面包的种类有很多种，可以分成高糖油成分的面包与低糖油成分的面包。在搅拌时也有不同的面团判断方式，以一般甜面团的搅拌为例，在面团完成前，可分成三个阶段：

起始阶段

可以先用搅拌机进行低速搅拌，当配方中的粉类材料在搅拌时渐渐吸收水分，开始成块状，然后成团状，而这时面团的面筋还没有形成，因此拉扯时很容易断裂，也比较黏手。

扩展阶段

这个阶段水分渐渐被面团吸收，并且开始形成面筋，可以将搅拌机的速度调到中速，将面团搅拌至可扩展的状态，这时的面团用手撑开虽然有弹性，但是因为延展性还是不足，因此将面团延展拉开的膜偏厚，裂口为不规则的锯齿状；另外，太早加入奶油，会影响面筋的形成，因此最好将面团搅拌至可扩展的状态再加入奶油。

辨别扩展状态

扩展状态是指面团表面开始干燥并出现光泽，用手拉会开始有延展性并有纹路产生，此时面筋即开始扩展，但因还不到呈薄膜状，所以还是会断裂。

完成阶段

在面团加入奶油后，因为充分搅拌，并且完成了水合效应，因此面筋更具延展性，用手将面团撑开时，会形成较透明且不易破的薄膜，裂口也是比较平整的状态。

辨别薄膜状态

薄膜状态是指面团搅拌时发出清脆拍打钢盆的声音，表面细腻且有好的延展性，用手撑开或拉开面团时会有一层薄膜，均匀而不会断裂。

> **要点 POINT**

面团搅拌完成的温度，甜面团一般控制在26~28℃；低糖油成分的面团，可控制在23~24℃。可依据面团特质进行调整，例如，可借由配方中的水分温度来做调整，夏天可以使用冰水，冬天可以使用温水。

2. 一次发酵

面团在发酵过程时，因为酵母分解了面粉中的淀粉及细砂糖产生二氧化碳，而使面团膨胀。一般在做一次发酵时，会放在专业发酵箱中，给予面团一个可以保湿且温暖的环境，并适度喷水防止面团干燥。现在有一些烤箱也有发酵的功能，方便使用。以一般甜面团为例，适合发酵的环境温度为26~28℃，相对湿度60%~65%。

▲ 发酵完成

面团没有回弹，已发酵完成。

3. 分割和滚圆

当面团完成基本发酵时，面团会膨胀1.5~2倍，这时可以用手指蘸高筋面粉从面团的中心戳下去，若没有回弹则发酵完成；可以使用刮板分割面团，尽量利落地分切，减少面团受损，再以手掌轻轻包覆面团在桌上转动，使面团变成圆球形状。

◀分割

用刮板分割。

◀滚圆

滚圆时，先拍扁，对折两次，手掌轻轻带动面团，在桌上画圆转动，至面团呈圆球状即可。

4. 醒发

面团经过分割滚圆后，面筋产生韧性，面团会比较紧实，需要稍微静置松弛，可以在桌面上用发酵布覆盖，也可以用面积大一点的保鲜膜覆盖，防止面团干燥。

5. 整形

面团经过静置后，会再次产气，因此应按压面团排出大气泡，并且调整成所需的形状，整形后，面团就不会再做太大的改变，因此要注意面团表面的平整光滑；基本的整形造型有圆形、橄榄形、长条形，复杂一点的可以做麻花或麦穗状。

6. 二次发酵

面团整形完成后，放入烤盘，一样要给予面团一个适当的环境，以一般甜面团为例，温度为33~35℃，相对湿度80%~85%。

7. 预热和烤制

烤箱预热的时间不同，在发酵完成前15分钟就可以开始预热烤箱，而面团放入烤箱后，在剩下1/3时间时做水平转向，可让面团整体的烤色更平均。

小贴士 TIPS

烤制前的表面装饰，若是刷上鸡蛋液，可事先将鸡蛋打散并且过滤，刷起来会更加均匀。

面种制作
YEAST DOUGH STARTER

白色老面

材料 Ingredient

一次发酵

高筋面粉	100克
盐	2克
酵母粉	0.5克
水	65克

二次发酵

起种	全量
高筋面粉	170克
水	110克

使用白色老面的面包
- 意式香料马铃薯橄榄佛卡夏
- 法式蜜糖小面包
- 培根小麦穗面包
- 香蒜法国面包
- 牛蒡面包棒

做法 Steps

一次发酵

1 将材料混合拌匀，取出揉成团后，室温放置2小时，冷藏12~15小时。

二次发酵

2 将前一天的一次发酵面团切小块，加入二次发酵材料，揉成团后，室温放置2小时，冷藏12~15小时。

全麦老面

材料 Ingredient

一次发酵

全麦面粉	50克
盐	1克
酵母粉	0.25克
水	35克

二次发酵

一次发酵	全量
全麦面粉	85克
水	55克

使用全麦老面的面包
- 全麦口袋面包

做法 Steps

一次发酵

1 将一次发酵的材料拌匀并揉成团。

2 室温放置2小时，冷藏12~15小时。

二次发酵

1 二次发酵材料拌匀。

2 将前一天的面团剥成小块，放入二次发酵材料中。

3 揉成团后，室温放置2小时，冷藏12~15小时。

葡萄菌中种

材料 Ingredient

葡萄菌水

葡萄干	80克
矿泉水	240克
细砂糖	20克

葡萄菌中种

高筋面粉	180克
酵母粉	0.4克
葡萄菌水	55克
水	75克

预先准备 Preparation

取干净的耐热玻璃罐，将罐子、盖子、搅拌的汤匙用沸腾的热水烫过杀菌，晾干后使用。

做法 Steps

葡萄菌水

1 将葡萄干用热水快速氽烫后沥干。

使用葡萄菌中种的面包

• 酒酿桂圆面包

葡萄菌水气体产生

第三天有明显的气泡、葡萄干浮起，移置冰箱冷藏。

2 将矿泉水、细砂糖、放入玻璃罐内搅拌均匀，加入葡萄干拌匀。盖上瓶盖，放置室温（26~28℃）进行发酵。

3 每天要将瓶盖打开释放气体后，重新盖上盖子，轻轻摇晃，一天约三次，继续放置室温（26~28℃），重复三天后，第四天就可以放冰箱冷藏了。

葡萄菌中种

1 用滤网滤出葡萄菌种中的液体。

2 将所有材料搅拌成团，即可取出手揉至光滑，于室温发酵至膨胀，再放冰箱冷藏发酵12小时，隔天使用。

裸麦酸种

材料 Ingredient

Day 1 一次发酵
裸麦粉·······25克
矿泉水·······25克
盐·········0.5克

Day 2 二次发酵
原种········50克
裸麦粉·······50克
矿泉水·······50克

Day 3 熟成
第二天酸种···150克
裸麦粉·······75克
高筋面粉·····75克
矿泉水······100克
二砂糖·······5克

使用裸麦酸种的面包
• 红葡萄酒无花果酸种面包

做法 Steps

Day 1 一次发酵
将所有材料拌匀后，盖上保鲜膜放置阴凉处24小时制成原种。

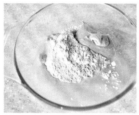 

Day 2 二次发酵
将裸麦粉和矿泉水加入原种搅拌均匀，放置阴凉处24小时制成酸种。

Day 3 熟成
在酸种中加入裸麦粉、高筋面粉和矿泉水，若酸气很明显，可加入5克二砂糖同时喂养，当香气已熟成，即可放到冰箱冷藏备用。

小贴士 TIPS

若观察面种冒泡很明显，并有酸气，就可移至冷藏，若没有反应，则继续放室温。

汤种面团

材料 Ingredient

高筋面粉·····10克
水·········50克

使用汤种面团的面包
• 酒渍葡萄干奶油乳酪吐司
• 黑糖地瓜汤种吐司
• 芋头汤种面包

做法 Steps

1 将材料倒入锅子拌匀后，中火煮至浓稠状。　2 放凉后盖上保鲜膜紧贴面糊表面，放入冰箱冷藏一夜备用。

小贴士 TIPS

保鲜膜要确实贴好汤种的表面，避免干燥。

液种

材料 Ingredient

高筋面粉 · · · · · · · 90克
酵母粉 · · · · · · · · 0.3克
水 · · · · · · · · · · 90克

做法 Steps

将液种材料混合均匀后，盖上保鲜膜，室温发酵2小时，冷藏发酵12~15小时。

使用液种面团的面包

• 蜂蜜杂粮面包

中种面团

材料 Ingredient

高筋面粉 · · · · 195克
水 · · · · · · · 130克
低糖酵母粉 · · · 1.6克

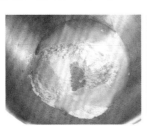  

做法 Steps

1 将中种材料混合成团，揉至光滑后滚圆。

2 盖上保鲜膜室温发酵2小时，冷藏发酵1小时。

使用中种面团的面包

• 布列亲小圆面包
• 全麦核桃小吐司
• 燕麦坚果多多面包
• 奶茶菠萝面包
• 红豆大理石面包
• 蜜糖甜甜圈
• 咖啡巧克力小吐司
• 焦糖苹果小吐司

PART
1

Wonderful Time

是面包也是美好的时光
陪伴我们的餐食

白面团为基底，单吃有淡淡香甜，
搭配咸、甜抹酱或自己喜欢的配料，
每一天都可以有不同的美味。

芝麻汉堡面包

应用基本款的餐包面团，加上香气十足的白芝麻，
就是早餐包里最受欢迎的汉堡面包。
汉堡面包带一点点面团本身的甜味，
适合搭配汉堡肉排、生菜、番茄等其他食材，
不仅携带方便，作为早餐也营养满分。

1 将A材料混合搅拌成面团至可扩展状态。　　2 加入B材料后，搅拌至可拉出薄膜，发酵60分钟。

3 将面团分割成10个（每个60克）后滚圆，盖上发酵布，松弛15~20分钟。

4 再次滚圆后放到烤盘上，二次发酵40分钟至两倍大。

5 烤箱预热190℃，表面刷上鸡蛋液后，撒上白芝麻，放入烤箱烤制12~15分钟。

成品量

10个 / 每个60克

材料

A

高筋面粉 · · · · · 255克
低筋面粉 · · · · · 65克
细砂糖 · · · · · 38克
奶粉 · · · · · 13克
盐 · · · · · 4克
酵母粉 · · · · · 3.2克
鸡蛋 · · · · · 32克
水 · · · · · 176克

B

奶油 · · · · · 38克

表面装饰

鸡蛋液 · · · · · 适量
白芝麻 · · · · · 适量

小贴士 TIPS

● 做法3松弛时，盖上发酵布可防止面团干燥。

鸡蛋沙拉长条堡

将餐包面团变换造型，制成夹馅方便的热狗面包。
除了可以做热狗堡、夹入鸡蛋沙拉，
也可以夹入奶油、水果、卡仕达酱等甜内馅制成甜面包，
是一款咸甜都适合的万用餐包。

鸡蛋沙拉

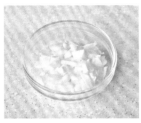

1 将水煮鸡蛋的蛋黄、蛋白分开；将蛋白切成小块丁状。

2 先将蛋黄和蛋黄酱、盐、黑胡椒拌匀，再拌入蛋白丁即可。

长条堡

3 将A材料混合搅拌成面团至可扩展状态。加入B材料后，搅拌至有薄膜，一次发酵60分钟。

4 将面团分割成10个后滚圆，盖上发酵布，松弛15~20分钟。

5 松弛后的面团，用手轻拍排气，略擀开为椭圆形。

6 由外往内收，手指仅压在面团收进来的边上，非整面压平。

 材料

长条堡面团

A

高筋面粉	255克
低筋面粉	65克
细砂糖	38克
奶粉	13克
盐	4克
酵母粉	3.2克
鸡蛋	32克
水	176克

B

奶油	38克

鸡蛋沙拉

水煮鸡蛋	2个
蛋黄酱	3大匙
盐	少许
黑胡椒	少许

表面装饰

鸡蛋液	适量
欧芹	适量

7 将收口处捏紧呈长条状，再稍微搓圆面团。

8 放入烤盘二次发酵40分钟至两倍大。

9 烤箱预热190℃；将面团表面刷上鸡蛋液后，放入烤箱烤制12~15分钟。

10 等面包烤好放凉后，用锯齿刀从面包中心切开，填入鸡蛋沙拉、撒上欧芹碎即可享用。

小贴士 TIPS

● 可依个人喜好在鸡蛋沙拉中加入适量酸黄瓜末，提升风味。

酥菠萝巧克力面包

在可可面团里加入蜜渍橙皮丁，
让咀嚼时多出橙皮的口感及果香，
内馅再包入苦甜巧克力，
外面再撒上含有脆脆坚果的酥菠萝。

成品量

12个／每个50克

材料

面团

A

高筋面粉 · · · · 300克
细砂糖 · · · · · 45克
盐 · · · · · · · · 3克
奶粉 · · · · · · 12克
酵母粉 · · · · · · 3克
水 · · · · · · · 165克
蛋黄 · · · · · · 30克

B

奶油 · · · · · · 30克

C

可可粉 · · · · · 10克
水 · · · · · · · 适量

D

蜜渍橙皮丁 · · · 30克

内馅

苦甜巧克力 · · · 60克

酥菠萝

高筋面粉 · · · · 20克
细砂糖 · · · · · 20克
奶油 · · · · · · 20克
杏仁角 · · · · · 30克

表面装饰

鸡蛋液 · · · · · 适量

预先准备

1 面团里的材料C：可可粉可加入少许的水调成膏状，较好搅拌。

2 将酥菠萝所有材料以切拌的方式混合均匀，并于冰箱冷冻备用。

做法

1 将A材料倒入机器搅拌成面团至可扩展状态。加入B材料搅拌至面团可拉成薄膜状，再包入C材料，于搅拌机中拌匀。

2 以切拌的方式加入D材料，进行一次发酵60分钟。

3 将面团分割成12个，滚圆之后醒发10~15分钟。

4 面团排气后，包入巧克力，收口为圆球形。

5 收口朝下后放入烤盘，二次发酵30~40分钟，或
　至两倍大。

6 烤箱预热180℃；将面团表面刷上鸡蛋液，撒上杏
　仁酥菠萝及杏仁角，再放入烤箱烤制15分钟即可。

小贴士 TIPS
● 苦甜巧克力略切成碎块，可较好包入面团中。

意式香料马铃薯橄榄佛卡夏

佛卡夏（Focaccia）为拉丁文，意思是「用火烤的东西」，据说也是比萨的原形。
大部分为扁圆形，在意大利则以长方形为主流，以便切成容易食用的大小。
一般多以迷迭香、黑橄榄、风干番茄点缀；
面团里加入马铃薯泥，口感更松软；
烤制前刷上自制的新鲜香料油，可以增添意式风味。

预先准备

意式香料油

大蒜稍微拍过；取一锅，先加热橄榄油至有香气后关火，再放入迷迭香和大蒜，放凉后浸泡一夜即可。

成品量

6个 / 每个100克

材料

佛卡夏面团

高筋面粉	170克
低筋面粉	110克
二砂糖	15克
盐	3克
老面	55克
马铃薯泥	85克
低糖酵母粉	3克
水	170克
初榨橄榄油	15克

意式香料油

大蒜	4~5颗
橄榄油	适量
新鲜迷迭香	2~3支

表面装饰

迷迭香	1把
黑橄榄（切片）	6~8颗
海盐	适量

 做法

佛卡夏

1 将所有佛卡夏面团材料倒入搅拌机的钢盆中，搅拌至面团呈均匀光滑即可。

2 将面团一次发酵60分钟。

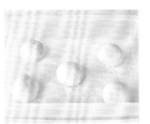

3 面团分割成6个，排气后滚圆，松弛15~20分钟。

4 将面团擀开成直径10厘米的圆形，放于烤盘上进行二次发酵40~50分钟。

5 烤箱预热至220℃；将发酵好的面团表面刷上意式香料油，在面团表面戳洞。

6 放上迷迭香、黑橄榄、海盐，再放入烤箱烤制15分钟即可。

小贴士 TIPS

● 马铃薯泥的水分含量不一，因此搅拌面团时，可酌量留一些水不加；若面团过湿时，可加入少许面粉。

布列亲小圆面包

德国小型面包通称为布列亲（Brotchen），造型小巧可爱。

面团为低糖油成分配方，因此配合当日中种法，让面团老化的速度变慢，使面包吃起来更湿润松软。

最棒的早餐食用方法是将面包再次喷水回烤后，面包外脆内软，抹上奶油一起享用。

预先准备

中种面团

1 将中种材料混合成团，揉至光滑。

2 室温发酵2小时，冷藏发酵1小时。

 做法

布列亲面包

1 将中种面团切小块，加入主面团所有材料混合，搅拌至面团成光滑状态，再进行基本发酵50分钟。

2 将面团分割成12个并滚圆，进行一次发酵10~15分钟。

3 将每个面团表面滚上高筋面粉。

4 用筷子在面团中央压出2~3毫米的凹痕。

5 放入烤盘二次发酵30~40分钟。烤箱预热200℃；再将发酵好的面团放入烤箱烤制15分钟即可。

 成品量

12个/每个45克

 材料

中种面团

高筋面粉	195克
水	130克
低糖酵母粉	1.6克

主面团

高筋面粉	65克
低筋面粉	65克
细砂糖	10克
盐	5克
奶粉	6克
低糖酵母粉	2.3克
水	80克
蜂蜜	10克
橄榄油	10克

表面装饰

高筋面粉	适量

全麦口袋面包

口袋面包（Pita）是来自中东的传统面包，最大特色就是面包是中空的，
因此将面包切开后，可以夹入喜欢的各种馅料后食用。
为了让口袋面包在烤箱里膨胀，需将面团擀薄后，使用较强的下火烤制，
就可以让充满二氧化碳的面团，一鼓作气地膨胀。

做法

1 将所有材料倒入搅拌机的钢盆中搅拌面团至光滑状态。

2 进行一次发酵60分钟。

3 将面团分割成8个80克并滚圆，醒发15~20分钟。

4 烤箱预热至250℃；将面团大致擀开成厚度2mm的圆形。

5 放入烤箱烤制5分钟，看见面团膨胀上色后即可取出。

 成品量

8个/每个80克

 材料

高筋面粉	245克
低筋面粉	70克
全麦面粉	35克
细砂糖	18克
盐	5克
低糖酵母粉	3.5克
全麦老面	70克
水	210克
初榨橄榄油	18克

小贴士 TIPS

● 做法4面团擀平放入烤盘时，每个面团不要放太近，烤制时膨胀空间应足够。
● 烤好的面包中间是空心的，可以依个人喜好单吃或夹入自己喜欢的馅料。

全麦核桃小吐司

全麦面粉是以整颗小麦碾磨而成的面粉，
其中含有小麦的外壳（麸皮）、胚乳、胚芽，富含膳食纤维且营养价值很高，
但如果全麦面粉占配方比例过高，膳食纤维会阻断面筋的产生而影响面团的膨胀，
因此全麦面粉的加入比例通常会占配方中面粉的20%~50%。

预先准备

将中种材料混合成团，揉至光滑，于室温发酵30分钟，再放入冰箱冷藏发酵12~15小时。

 成品量

4条／每条**150**克

 模具

水果条模
4个
（15.1厘米×6.7厘米×6.7厘米）

 材料

中种面团

高筋面粉	155克
全麦面粉	60克
水	140克
酵母粉	1克

主面团

A

高筋面粉	95克
细砂糖	25克
盐	6克
奶粉	9克
酵母粉	2克
水	62克

B

奶油	25克

C

核桃	47克

做法

1 将中种面团切小块，加入A材料搅拌成面团至有弹性、可扩展的状态。

2 加入B材料，搅拌至可以拉出薄膜后，包入C材料，以切拌方式混合均匀。

3 将面团进行一次发酵40分钟。

4 将面团分割成12个滚圆后，醒发15~20分钟。

5 每一个水果条模放3个小面团，二次发酵50~60分钟，或发酵至满模。烤箱预热190℃；将发酵好的面团放入烤箱烤制20分钟即可。

燕麦坚果多多面包

在面团中加入的燕麦片属于全谷物的一种，为主食中增添膳食纤维；
除了燕麦，也加入了核桃增加咀嚼时的口感。
表面装饰的坚果也提供了适量的油质与香气，非常适合作为早餐享用。

预先准备

1 核桃可先放入烤箱，以150℃烤制12~15分钟，烤至有香味。

2 前一天预先将面团材料中的燕麦片泡在等量的热水中，或者快速煮3~5分钟使燕麦片变软，放凉后冷藏备用。

3 将中种材料混合成团，揉至光滑。室温发酵2小时，冷藏发酵1小时即可。

4 装饰材料可先混合备用。

 做法

1 将中种面团切小块，加入A材料搅拌成面团至有弹性、可扩展的状态，再加入B材料，搅拌至面团光滑。

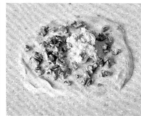

2 将面团拍扁，包入C材料。

3 再用切拌的方式，将所有材料混合均匀。

4 面团进行一次发酵60分钟。

5 分割成8个面团并滚圆，醒发15~20分钟。

6 再次将面团拍扁后滚圆，并将表面在湿布滚一下蘸湿。

7 将面团蘸上装饰材料后，二次发酵40~50分钟。烤箱预热200℃；将发好的面团放入烤箱烤制15分钟即可。

 成品量

8个／每个80克

 材料

中种面团

高筋面粉 · · · · · 95克
全麦面粉 · · · · · 60克
水 · · · · · 102克
低糖酵母粉 · · · · · 1克

主面团

A

高筋面粉 · · · · · 155克
盐 · · · · · 6.2克
低糖酵母粉 · · · · 1.6克
水 · · · · · 110克
蜂蜜 · · · · · 30克

B

奶油 · · · · · 15克

C

燕麦片 · · · · · 30克
核桃 · · · · · 50克

表面装饰

燕麦片 · · · · · 适量
葵花子仁 · · · · · 适量
南瓜子仁 · · · · · 适量
黑芝麻 · · · · · 适量

法式蜜糖软面包

在传统的法国面包里加入少量的蜂蜜及奶油，
在原本稍微坚韧的口感中增加一些柔软与香甜。
软法面团使用了自我水解法，
也就是粉类材料及液体材料先混合搅拌，
静置一段时间后，再拌入酵母粉及盐，
减少了搅拌次数，增加了水合作用的时间，
可以让面粉充分吸收水分。

1 将高筋面粉、老面面种、低筋面粉、蜂蜜、冰水、倒入钢盆，略为搅拌。

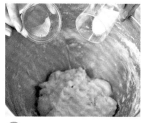

2 在面团表面分两处加入酵母粉与盐，静置30分钟后，搅拌至可扩展的状态。

3 加入奶油揉至光滑。

面团

高筋面粉	225克
老面面种	65克
低筋面粉	95克
蜂蜜	16克
冰水	210克
低糖酵母粉	2克
盐	6克
奶油	16克

内馅

蜂蜜丁	50克

表面装饰

高筋面粉	适量

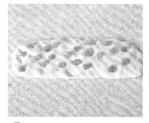

4 一次发酵60分钟，翻面续发酵30分钟。

5 将发好的面团分成10份，每份60克。轻拍面团排气，塑成椭圆形，再醒发30分钟。

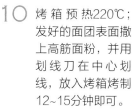

6 面团收口朝上稍微拍扁，放上蜂蜜丁。

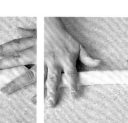

7 将面团上侧1/3处朝中间折。

8 一边用掌根轻压收口，重复3~4次，至成长条形。

9 放到烤盘，二次发酵30~40分钟。

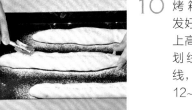

10 烤箱预热220℃；发好的面团表面撒上高筋面粉，并用划线刀在中心划线，放入烤箱烤制12~15分钟即可。

小贴士 TIPS

● 做法4翻面时，将面团取出，将四角拉开铺成方形，左右两侧折成长形再对折，至收成圆形再放入钢盆继续发酵即可。

培根小麦穗面包

在软法面包里,包入培根,以及让风味更具层次感的法式芥末籽酱。
如果喜欢辛香料风味的话,粗粒黑胡椒也是非常好的选择。
麦穗面包,顾名思义为麦穗状,一开始先做成长条形,
再用剪刀剪出麦穗的造型,不仅美观,食用时也很方便。

1 将高筋面粉、老面面种、低筋面粉、蜂蜜、冰水倒入钢盆中略搅拌一下。

2 在面团表面分开加入酵母粉与盐，静置30分钟后，搅拌至可扩展的状态。

3 加入奶油，揉至表面光滑状即可。

成品量

6个 / 每个100克

材料

面团

高筋面粉	225克
老面面种	65克
低筋面粉	95克
蜂蜜	16克
冰水	210克
低糖酵母粉	2克
奶油	16克
盐	6克

内馅

培根	3片
法式芥末籽酱	适量

表面装饰

高筋面粉	适量

4 将面团一次发酵60分钟，翻面继续发酵30分钟。

5 将发好的面团分成6份，每份100克。轻拍面团排气，塑成椭圆形后，再醒发30分钟。

6 将面团排气拍扁，铺上半片培根，抹上法式芥末籽酱。

7 将面团卷起成长条形，稍微搓长。

8 放在烤盘上进行二次发酵30~40分钟。

9 烤箱预热220℃；将发好的面团均匀撒上高筋面粉。

10 再剪成麦穗状，放入烤箱，烤制15分钟即可。

小贴士 TIPS

● 处理做法10麦穗状时，剪刀下刀时不剪断，刀面合起时，往左偏或往右偏，交错方向即可呈麦穗状。

蜂蜜牛奶小吐司

牛奶吐司，是单吃或搭配各种食材都很适宜的吐司。
这款面团使用蜂蜜代替细砂糖，可以选用自己喜欢的蜂蜜口味，
例如甜度与香气都最浓郁的龙眼蜜，或者尾韵带着花香的荔枝蜜，打造出自己的特色吐司。
另外，在吐司面团中添加蜂蜜，能让吐司的口感更湿润，也让烤色更诱人。

预先准备

将水果条模内部均匀涂上奶油备用。

 做法

1 将A材料倒入钢盆中，搅拌至面团表面光滑可扩展的状态，再加入奶油，搅拌至面团可拉成薄膜后，一次发酵60分钟。

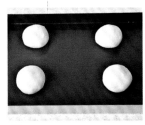 

2 将面团分割成12个（每个50克），分别滚圆后，醒发15分钟。

3 将面团擀开成长方形，左右两边往中间折并用手掌根轻压排气。

成品量

4条／每条150克

模具

银色水果条模
4个

材料

面团

A

高筋面粉	295克
低筋面粉	35克
盐	6克
奶粉	10克
酵母粉	3.3克
水	100克
牛奶	115克
蜂蜜	33克

B

奶油	26克

表面装饰

奶油	适量

4 由上往下卷，最后将面团收口，放入水果条模中，二次发酵30~40分钟，或发酵至满模。

5 烤箱预热190℃，放入烤箱烤制20分钟，烤好后取出并在面团表面刷上奶油即可。

双色墨西哥圆舞曲

墨西哥面包使用双色面糊，在造型上多了趣味，除了中心浓郁的奶酥馅，风味上也添加了可可香气。

成品量

12个 / 每个50克

模具

墨西哥圆纸模
12个
（直径8厘米×高3厘米）
三明治袋
2个

材料

面团

高筋面粉	330克
细砂糖	50克
盐	4克
奶粉	10克
酵母粉	3.3克
水	165克
蛋黄	35克
奶油	35克

奶酥馅

奶油	100克
糖粉	70克
盐	1克
鸡蛋	20克
奶粉	100克

墨西哥馅

奶油	100克
糖粉	80克
盐	1克
香草精	1滴
鸡蛋	60克
低筋面粉	80克
可可粉	6克

做法

奶酥馅

1 将奶酥材料依序分别加入钢盆中拌匀后，静置20~30分钟，再平分成12个滚圆备用。

墨西哥馅

2 奶油放回室温至软，加入过筛好的糖粉、盐拌均匀。

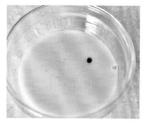

3 将香草精加入鸡蛋液里，拌匀后，分次重复做法2，拌匀。

4 加入过筛后的低筋面粉拌匀，将面糊平均分成两份。

5 一份为原味面糊，另一份拌入可可粉，分别装入三明治袋里备用。

面团

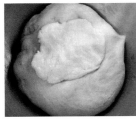   

6 将所有材料（除了奶油）倒入钢盆中，搅拌至面团可扩展的状态，再加入奶油，搅拌至光滑的状态。

7 进行一次发酵60分钟。

8 将面团分割成12个，滚圆后进行中间发酵10~15分钟。

9 面团排气稍微拍扁，包入奶酥馅，将面团捏紧收口。

10 收口朝下，放到墨西哥纸模中，进行二次发酵40~50分钟，或膨胀至两倍大。

11 烤箱预热180℃；烘烤前在表面以绕圆的方式，分别挤上墨西哥原味面糊及可可面糊，再放入烤箱烤制15分钟。

经典原味贝果

发酵过后的面团，以热水烫煮，使表面糊化，
再经过烤箱加热后，形成具有光泽且紧实的外皮，
因此内层口感充满嚼劲，喷水回烤后爽脆的外皮为贝果的最大特色。

做法

1 钢盆中放入一次搅拌的所有材料，搅拌3分钟。

2 加入二次搅拌的A材料搅拌成团，在案板上揉和均匀。

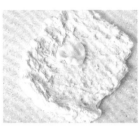

3 再加入B材料的奶油揉至面团成光滑的状态。

4 面团滚圆后放入钢盆中，盖上保鲜膜，放入冰箱冷藏、一次发酵30分钟。

5 发酵好后取出，分割成6个80克的面团并滚圆，醒发10分钟。

6 将面团拍扁制成四方形，卷成长条状，稍微搓长。

成品量

6个 / 每个80克

模具

焙烤纸
6张
（10厘米×10厘米）

材料

面团

一次搅拌

高筋面粉	· · · ·	150克
二砂糖	· · · ·	15克
酵母粉	· · · ·	3克
水	· · · ·	165克

二次搅拌

A

| 低筋面粉 | · · · · | 150克 |
| 盐 | · · · · · | 4.5克 |

B

| 奶油 | · · · · | 15克 |

烫面水

| 水 | · · · · · | 1000克 |
| 二砂糖 | · · · · | 50克 |

7 收口朝上，将其中一端压成汤匙形，再将另一端绕过来包好收口。

8 将面团置于白色焙烤纸上，再放在烤盘进行二次发酵30分钟。发酵至20分钟时，先以220℃预热烤箱。

9 开始煮烫面水，将水和二砂糖倒入锅中，煮至略滚后转小火，连着焙烤纸一起拿起面团，于糖水中两面各烫15秒钟，烫的过程中可将纸轻轻撕掉。

10 捞出面团沥干，放置于烤盘上，再放入烤箱烤制15~18分钟即完成。

小贴士 TIPS

● 如果想切开贝果做成三明治，可以将贝果中间的洞做小一点，这样中间的夹料比较不容易从洞中掉出来。

抹茶豆浆卡仕达面包

这款面包的卡仕达酱中使用豆浆代替牛奶，再加入抹茶粉，
让面包有浓浓的日式风味，在面团中加入的大米粉也使面包更加软弹。

成品量

12个/每个50克

材料

面团

A

高筋面粉	264克
低筋面粉	33克
大米粉	33克
细砂糖	50克
盐	3.3克
奶粉	10克
酵母粉	3.3克
水	165克
鸡蛋	33克

B

奶油	33克

抹茶豆浆卡仕达酱

蛋黄	2个
香草精	1滴
细砂糖	30克
低筋面粉	10克
玉米粉	10克
抹茶粉	2克
豆浆	150克
奶油	10克
朗姆酒	10克

表面装饰

大米粉	适量

做法

抹茶豆浆卡仕达酱

1 将蛋黄、香草精、1/2量的细砂糖、低筋面粉、玉米粉、抹茶粉搅拌均匀。

2 豆浆加入1/2的细砂糖倒入锅内，加热至冒烟后，马上倒入锅中，边倒边搅拌。

3 拌好后，再过筛至水平锅后，再次加热，搅拌至浓稠且中间冒泡。

4 熄火，加入奶油拌匀，继续加入朗姆酒拌匀。

5 用保鲜膜贴紧抹茶豆浆卡仕达酱表面包好，再进行冷却。

面团制作

6 将A材料搅拌成面团至可扩展的状态,再加入B材料搅拌至可拉出薄膜,再进行一次发酵60分钟。

7 分割面团(50克×12个)并滚圆后,醒发10~15分钟。

 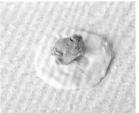  

8 面团在桌面轻拍排气后,包入抹茶豆浆卡仕达馅。

9 收口朝下,放在烤盘上二次发酵至两倍大。

10 烤箱预热190℃;将面团表面撒上大米粉,中间剪十字,再放入烤箱烤制12~15分钟即完成。

奶霜维也纳面包

在做成长条状的牛奶面包里，抹入带着糖粒口感的奶油霜，
既是美味的早餐，也是幸福的下午茶。
在这里可以选用发酵奶油制作奶油霜，充满香气而不腻口。

维也纳面包

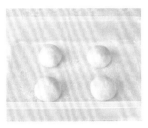

1 将A材料倒入搅拌机的钢盆中搅拌至可扩展的状态，再加入B材料搅拌至可拉成薄膜状。面团一次发酵60分钟后，分割成8个，滚圆后再进行二次发酵10~15分钟。

2 面团用手排气轻拍后，上侧面团往下1/3处折，用掌根轻压收口，重复2~3次，整形成长条状，捏紧收口，稍微搓一下。

3 面团表面用划线刀割出数道纹路，放置烤盘发酵30分钟。

4 烤箱预热190℃，表面刷上鸡蛋液，再放入烤箱烤制15分钟。

夹心内馅

5 奶油温度升至室温，与细砂糖、炼乳拌匀。

6 面包烤好放凉后，使用面包锯齿刀从面包的侧边剖开不切断，抹入一层夹心内馅即可食用。

成品量

8个 / 每个80克

材料

面团
A

高筋面粉	360克
细砂糖	22克
盐	7克
奶粉	10克
酵母粉	3.6克
牛奶	110克
鸡蛋	35克
水	100克

B

奶油	22克

表面装饰

鸡蛋液	适量

夹心内馅

奶油	80克
细砂糖	20克
炼乳	20克

黑糖肉桂卷面包

肉桂卷面包，来自北欧瑞典，在寒冷的早晨是咖啡的好搭档，
咀嚼后满满的肉桂香，再喝上一口咖啡，甜中有苦，苦中带着肉桂香，
泡过朗姆酒的葡萄干及核桃更增添了口感。

预先准备

1 于前一天将内馅食材的葡萄干用朗姆酒浸泡一夜。

2 烤盘上先铺好白色焙烤纸。

3 将内馅材料的奶油、细砂糖、黑糖、肉桂粉先拌匀备用。

 做法

面团

1 将A材料倒入搅拌钢盆中，搅拌至面团成可扩展的状态，加入B材料，搅拌至有薄膜，一次发酵60分钟。

2 面团分割成3个并滚圆，盖上发酵布，醒发15~20分钟。

成形及烤制

3 面团擀开成3毫米厚的长方形，在表面抹上内馅，最下方预留2厘米不抹，以利于收口。

 成品量

24个/每个30克

 模具

三能小烤盘
1个
（35厘米×25厘米×3厘米）

 材料

面团
A
高筋面粉 · · · · 320克
低筋面粉 · · · · 80克
细砂糖 · · · · 48克
奶粉 · · · · 12克
盐 · · · · 6克
酵母粉 · · · · 4克
牛奶 · · · · 240克
鸡蛋 · · · · 40克
B
奶油 · · · · 40克

内馅
奶油 · · · · 60克
黑糖 · · · · 25克
细砂糖 · · · · 35克
肉桂粉 · · · · 10克
熟碎核桃 · · · · 80克
葡萄干 · · · · 60克

糖霜
糖粉 · · · · 60克
饮用水 · · · 8~10克

4 均匀撒上内馅的其他食材后，由上而下卷起来，但不要卷得太紧，稍微预留面团发酵的空间，然后将收口捏紧。重复做法3和做法4，做完剩下两卷面团。

5 每个面团各切成8个小卷，预留空间地排入烤盘。排满24个面团，二次发酵30~40分钟。

6 烤箱预热190℃；将烤盘放入烤箱烤制20分钟，烤好稍微放凉，等面包定形后连焙烤纸一起拉出来。

◦▢ 糖霜

7 将糖粉过筛与饮用水拌至浓稠状制成糖霜，再装入三明治袋，等肉桂卷放凉后挤上糖霜即可。

小贴士 TIPS

● 面包烤到时间剩1/3时，将烤盘水平旋转180度，烤好的成色较均匀。

奶茶菠萝面包

菠萝面包是台式面包的四大天王之一,
这里特别在酥香的菠萝饼干外皮配方中添加了伯爵茶叶,
让菠萝面包更添下午茶的风味。

成品量

12个/每个50克

材料

中种面团

高筋面粉 · · · ·	230克
水 · · · · · ·	150克
酵母粉 · · · · ·	1克

主面团

A

高筋面粉 · · · ·	65克
低筋面粉 · · · ·	35克
细砂糖 · · · · ·	50克
盐 · · · · · ·	4克
奶粉 · · · · ·	10克
酵母粉 · · · · ·	3克
水 · · · · · ·	17克
蛋黄 · · · · ·	33克

B

奶油 · · · · ·	33克

卡仕达馅

蛋黄 · · · · ·	2个
香草精 · · · · ·	1滴
细砂糖 · · · · ·	35克
低筋面粉 · · · ·	10克
玉米粉 · · · · ·	10克
牛奶 · · · · ·	125克
动物性鲜奶油 ·	125克
红茶叶 · · · · ·	10克
奶油 · · · · ·	10克

菠萝皮

奶油 · · · · ·	80克
糖粉 · · · · ·	70克
鸡蛋 · · · · ·	50克
低筋面粉 · · ·	150克
奶粉 · · · · ·	10克
茶粉 · · · · ·	适量

表面装饰

细砂糖 · · · · ·	适量

预先准备

1 将中种材料混合成团，揉至光滑，于室温发酵1小时，再放入冰箱冷藏发酵12~15小时。

2 菠萝皮中的茶粉，是将格雷伯爵红茶叶以食物研磨机打成粉。

做法

菠萝皮

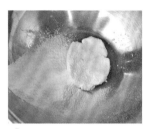

1 奶油回室温打软，加入过筛的糖粉拌匀。

2 分次加入回室温的鸡蛋拌匀。

3 拌入过筛的低筋面粉、奶粉以及伯爵茶粉。

4 以保鲜膜包好，静置30分钟，再平分成12个滚圆备用。

伯爵奶茶菠萝面包

5 将中种面团切小块，加入面团A材料搅拌成面团至可扩展的状态，再加入B材料搅拌至产生薄膜，一次发酵60分钟。分割滚圆后，再醒发15~20分钟。

6 用刮板将菠萝皮压平，包在面团上。

7 表面滚上细砂糖，用刮板划切上纹路，放在烤盘上发酵至两倍大（发酵温度 28℃）。

8 烤箱预热180℃；将面包放入烤箱烤制15分钟即可。

伯爵卡仕达内馅

小贴士 TIPS

● 本次完成的面包，为实心菠萝面包，也可依各人喜好，加入伯爵卡仕达内馅。在面团完成醒发后，包入卡仕达内馅，再包上菠萝皮即可。内馅做法请参考以下。

1 将鸡蛋黄、香草精、1/2的细砂糖、低筋面粉及玉米粉搅拌均匀。

2 牛奶及动物性鲜奶油加入1/2细砂糖倒入厚锅中加热，熄火，倒入伯爵红茶叶焖5分钟。

  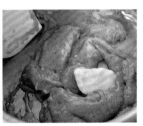

3 将茶叶过滤后，分次倒入蛋黄锅，一边倒一边搅拌。

4 过筛后，倒入锅里再次加热，并搅拌至有浓稠感。

5 熄火，加入奶油，放入冰块锅上冷却备用。

酒渍葡萄干奶油乳酪吐司

在甘甜的葡萄干吐司里搭配上浓郁的奶油乳酪内馅，打造像甜点般的口味，
在面团里加入汤种，让吐司的口感更软弹。
汤种可以根据锅的大小，一次多煮一点，
放凉后冷藏可保存三天，若颜色变灰就不可再使用了。

预先准备

1 将汤种材料倒入锅中拌匀，以中火煮至浓稠状，放凉后，将保鲜膜贴紧面糊表面盖上，放冰箱冷藏一夜备用。

2 在水果条模内部涂上一层奶油备用。

 做法

内馅

 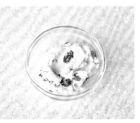

1 奶油乳酪放回室温，加入奶油与过筛的糖粉搅拌均匀后，再加入酒渍葡萄干拌匀即可。

面团

2 将汤种面团及A材料倒入搅拌机的钢盆中搅拌，并依面团干湿状况添加水。搅拌至可扩展的状态后再做，加入B材料搅拌至产生薄膜，一次发酵60分钟。

3 将面团分割成4个150克，分别排气滚圆后，醒发15~20分钟。

成品量

4条／每条150克

模具

水果条模
4个
（15厘米×6.7厘米×6.7厘米）

材料

汤种面团
高筋面粉 · · · · ·15克
水 · · · · · · · ·75克

主面团
A
高筋面粉 · · · 315克
细砂糖 · · · · ·40克
盐 · · · · · · · ·6克
奶粉 · · · · · · 10克
酵母粉 · · · · · 3.3克
水 · · · · · · · 100克
鸡蛋 · · · · · · 35克
水 · · · · · · · ·10克
B
奶油 · · · · · · 30克

内馅
奶油乳酪 · · · · 100克
奶油 · · · · · · 10克
糖粉 · · · · · · 15克
酒渍葡萄干 · · · 45克

表面装饰
鸡蛋液 · · · · · 适量

4 将面团擀开，面团下方平均划五刀，在面团上方抹上内馅。

5 由上往下卷起来，捏紧收口后朝下，再放入烤模，二次发酵50~60分钟。

6 烤箱预热180℃；将面团表面刷上鸡蛋液，放入烤箱烤制20分钟，即可出烤箱。

小贴士 TIPS

● 喜欢葡萄干口感的人，可以在制作的前一天先用朗姆酒浸泡葡萄干；若希望酒香更浓郁，则需预先浸渍一周以上。

红豆大理石面包

成形时将红豆馅包入面团中，匀速擀折，
可以使红豆馅均匀地分布在面包里，
让怕甜又想吃红豆面包的你，
多了新的选择。

成品量

12个 / 每个45克

模具

墨西哥纸模
12个
（直径8厘米×高3厘米）

材料

中种面团
高筋面粉・・・・210克
水・・・・・・・135克
酵母粉・・・・・0.9克

主面团
高筋面粉・・・・・30克
低筋面粉・・・・・60克
细砂糖・・・・・・36克
盐・・・・・・・・3.6克
奶粉・・・・・・・・9克
酵母粉・・・・・・2.1克
水・・・・・・・・30克
鸡蛋・・・・・・・30克
奶油・・・・・・・30克

红豆沙内馅
红豆沙馅・・・・200克

表面装饰
鸡蛋液・・・・・・适量
白芝麻・・・・・・适量

 预先准备

中种面团

将中种材料混合成团，揉至光滑后，于室温发酵2小时，冷藏发酵1小时。

 做法

面团

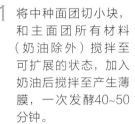

1　将中种面团切小块，和主面团所有材料（奶油除外）搅拌至可扩展的状态，加入奶油后搅拌至产生薄膜，一次发酵40~50分钟。

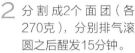

2　分割成2个面团（各270克），分别排气滚圆之后醒发15分钟。

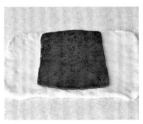

3　将红豆沙内馅分成2份，用保鲜膜包好，擀成正方形（12厘米×15厘米），再冷藏备用。

4　将面团擀开成3毫米厚（宽15厘米×长25厘米）的长方形后，将红豆沙内馅放在中间。

5 将两侧面团往中间折，包裹红豆沙内馅，再使用保鲜膜包好，防止面团干燥，放冰箱冷藏静置5分钟。

6 将面团擀成长方形，折叠，再擀长一次。

7 从长端开始卷成长条状，并将收口捏紧。

8 均切为12等份、2个一组放进墨西哥纸模里，二次发酵30~40分钟，或至两倍大。

9 烤箱预热180℃；将发酵好的面团表面刷上鸡蛋液、撒上白芝麻，再放入烤箱烤制15分钟即可。

缤纷三色小吐司

三种不同口味的面团，
在成形的时候全部卷在一起，
也可以根据制作者的创意做不同颜色的排列组合，
在烤完放凉的时候，会特别期待切开时的样子。

1 将A材料倒入搅拌机的钢盆中搅拌至可扩展的状态，再加入B材料搅拌至可拉出薄膜。

2 面团平分为三等份，一份为原味，另外两份分别揉入C材料的可可粉和抹茶粉，一次发酵60分钟。

3 三种面团各分割成2个100克的面团，滚圆后醒发15~20分钟。

成品量

2条 / 每条300克

模具

不粘水果条烤模
2个
（17.5厘米×8.5厘米×7厘米）

材料

面团
A

高筋面粉	330克
细砂糖	33克
盐	6.6克
奶粉	10克
酵母粉	3.3克
水	180克
鸡蛋	33克

B

奶油	33克

C

可可粉	4克
抹茶粉	4克

内馅

巧克力	30克
蔓越莓干	30克

表面装饰

鸡蛋液	适量

小贴士 TIPS

● 可可粉、抹茶粉可以加入少许热水，调成膏状再拌入面团中。
● 做法2揉入可可粉和抹茶粉时，可先于搅拌机中搅拌，再拿出用手搓揉会更均匀。

4 三种颜色的面团各别擀开成长方形后，在可可面团撒上水滴巧克力，白色面团上撒上蔓越莓干。

5 依序将白面团、可可面团、抹茶面团重叠后卷起，收口捏紧后朝下放入模型中，发酵40~50分钟。

6 烤箱预热180℃；在发酵好的面团表面刷上鸡蛋液，再放入烤箱烤制25~28分钟即可。

焦糖坚果可可方块吐司

加入焦糖香气的坚果，做成迷你的正方形小吐司，作为礼物也很适合。
在制作的时候，总会忍不住偷吃煮好的焦糖坚果，建议可以多做一些。

成品量

6个 / 每个100克

模具

迷你正方形吐司模
6个
（边长7.5厘米）

材料

面团

A

高筋面粉	255克
低筋面粉	65克
细砂糖	35克
盐	5克
奶粉	10克
酵母粉	3.2克
鸡蛋	35克
水	175克

B

奶油	35克

C

可可粉	10克

焦糖坚果

细砂糖	50克
鲜奶油	100克
胡桃	30克
核桃	50克

表面装饰

鸡蛋液	适量
杏仁角	适量

 预先准备

1 将6个吐司模的内侧及盖子内侧均匀抹一层奶油备用，并在底部撒上一层杏仁角。

2 煮焦糖坚果前，先将鲜奶油隔水加热，至50℃温热状态保温备用即可。

3 坚果放入烤箱中，以150℃烤制10分钟至有香气即可。

做法

焦糖坚果

1 取一厚锅，倒入细砂糖，以小火煮融至焦糖程度后熄火。

2 加入温热的鲜奶油拌匀，再加入烤好的所有坚果混合拌匀。

吐司

3 将A材料放入搅拌机的钢盆中搅拌至可扩展状态，加入B材料搅拌至产生薄膜，再加入可可粉拌匀，一次发酵60分钟。在中央戳一个洞，若不会回弹，表示一次发酵完成。

4 将面团分成6个100克的面团，分别拍扁排气、滚圆后，醒发15~20分钟。

5 将发酵后的面团拍扁，整形成方形并包入焦糖胡桃、核桃各2颗。

6 左右侧往内折，收口压实。

7 由前端往自己的方向卷，再将收口捏紧。

8 在面团收口处蘸上鸡蛋液，以收口朝下，放入底部铺杏仁角的模型中。

9 进行二次发酵至模型九分满。

10 烤箱预热190℃，将模型盖上盖子，放入烤箱烤制15~18分钟，即可取出，放凉架上冷却。

小贴士 TIPS

● 可可粉可以先加少许热水，拌成膏状再拌入面团中，较容易拌匀。

PART
2

是面包也是生活的滋味
酸、甜、苦、辣、咸

结合日常煮食的料理，
把认真过日子的酸、苦、痛，
以及开心与美好，全都加进面包里。

白巧克力酒渍果干面包

这是一款有着节日风味的面包，
面团内加入事先制作、充满酒香的酒渍果干，
烤制前，再撒上香脆的杏仁片，
为了更有节日气息，请在享用前淋上满满的白巧克力。

面团

材料

面团

A

高筋面粉	320克
细砂糖	48克
盐	4克
奶粉	10克
酵母粉	3.2克
水	176克
蛋黄	32克

B

奶油	32克

内馅

酒渍果干	150克

表面装饰

鸡蛋液	适量
杏仁片	适量
白巧克力	适量

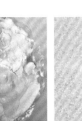

1 将A材料倒入搅拌机的钢盆中搅拌面团至可扩展的状态，加入B材料搅拌至可拉出薄膜，一次发酵60分钟。

2 分割成2个300克面团后，滚圆，醒发15~20分钟。

3 面团擀开，铺入酒渍果干，从一端卷起，收口捏紧。

4 一个面团平均切出六等份，放入纸模中，发酵30~40分钟或至两倍大。

5 烤箱预热190℃；将面团表面刷鸡蛋液，撒上杏仁片，以190℃烤制25分钟取出。

6 面包放凉后，淋上隔水融化的白巧克力即可。

小贴士 TIPS

● 食谱中的酒渍果干选用葡萄干、蔓越莓干和菠萝干。也可选择自己喜欢的果干，例如蓝莓干、橙皮丁，加入朗姆酒至盖过果干，再加入一支肉桂棒，及少许的丁香粉，可以增加香料风味，至少浸渍一星期后使用。

柠檬糖霜咕咕霍夫面包

在加入大量牛奶、鸡蛋、蛋黄的布里欧修面团中，
再加入柠檬皮增加香气，
烤制完成后，淋上酸酸甜甜的柠檬糖霜，就是如甜点般的一款面包。

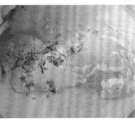 

1 将A材料倒入搅拌机的钢盆中搅拌面团至可扩展的状态，再加入B材料搅拌至可拉出薄膜。

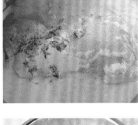 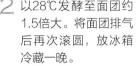

2 以28℃发酵至面团约1.5倍大。将面团排气后再次滚圆，放冰箱冷藏一晚。

3 隔天将面团分割成10个面团后，分别排气滚圆，再醒发20分钟。

4 在咕咕霍夫模内部刷上奶油，并在模型底部排入杏仁角。

5 将面团拍扁，中间戳一个洞，再放入模型中，以28~30℃做二次发酵40~50分钟，或发酵至模型的九分满。烤箱预热190℃，发酵后放入烤箱，以190℃烤制15~18分钟。

6 将柠檬糖霜材料拌匀，面包烤好放凉后再淋上即可。

成品量

10个/每个60克

模具

咕咕霍夫模型
6个
（直径10厘米×高5厘米×底部直径6厘米）

材料

面团

A

高筋面粉	270克
低筋面粉	30克
细砂糖	45克
盐	5.4克
柠檬皮	适量
酵母粉	3.6克
水	24克
牛奶	105克
鸡蛋	60克
蛋黄	45克

B

无盐奶油	60克

表面装饰

奶油	适量
杏仁角	适量

柠檬糖霜

柠檬汁	10克
糖粉	40克

梅子番茄鸡肉面包

在面团里加入了紫苏梅，发酵过后会带着梅酒般的香气；
鸡胸肉内馅及小番茄切片都拌入适量的橄榄油，
使面包在烘烤时，食材可以保持湿润而不会烘烤过度。

做法

内馅

1 将熟鸡胸肉切丁，加入盐、胡椒、紫苏梅、橄榄油拌匀即可。

表面装饰

2 将小番茄切片，加入二砂糖和橄榄油拌匀。

面团

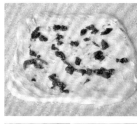

3 将A材料倒入搅拌机的钢盆中搅拌面团至可扩展状态。再铺上B材料，包起并切拌均匀，一次发酵60分钟。

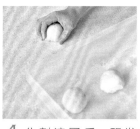

4 分割滚圆后，醒发15~20分钟。

5 面团擀成圆形，铺入墨西哥纸模，再放入内馅，二次发酵30~40分钟，或至两倍大。

6 烤箱预热200℃，将面团表面刷橄榄油，表面放上小番茄，再用200℃烤制15分钟即可。

 成品量

 材料

10个 / 每个60克

面团
A
高筋面粉 · · · 210克
低筋面粉 · · · 140克
二砂糖 · · · · 21克
盐 · · · · · 5.3克
酵母粉 · · · · 3.5克
水 · · · · · 175克
橄榄油 · · · · 35克
B
紫苏梅（去核切块）
· · · · · 35克

内馅
熟鸡胸肉 · · · 300克
盐 · · · · · 适量
胡椒 · · · · · 适量
紫苏梅 · · · · 6颗
橄榄油 · · · · 适量

表面装饰
小番茄（切片）
· · · · · 100克
二砂糖 · · · · 适量
橄榄油 · · · · 适量

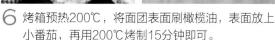

红酒无花果酸种面包

酸种（Sourdough），是只有面粉、水、盐一种材料培养出的酵种，
耐心等待三天，酸种渐渐发酵，充满了二氧化碳，
在红葡萄酒中浸泡过的无花果干，充满了酒香，就可以来制作这风味十足的酸种面包了。

预先准备

核桃先用烤箱150℃烤制12分钟备用。

 做法

1 先在藤篮内部撒全麦粉（分量外）。

2 将A材料倒入搅拌机的钢盆中搅拌成有延展性的面团。再加入B材料搅拌至光滑。

3 铺入C材料卷起，切拌均匀。

成品量

2个 / 每个300克

模具

藤篮
2个
（最大直径约20厘米）

材料

面团

A

高筋面粉	240克
全麦粉	60克
盐	5克
二砂糖	15克
酸种	75克
奶粉	9克
低糖酵母粉	4克
水	195克

B

奶油	15克

C

核桃	60克
红葡萄酒无花果干	75克

小贴士 TIPS

● 自制红葡萄酒无花果干，可以用买回的无花果干切半，加入红葡萄酒至没过果干，再加一支肉桂棒浸渍1小时即可。

4 一次发酵60分钟，取出翻面，先将面团四角拉开铺成方形，左右往内折成长形再对折，继发酵30分钟。

5 分割成2个面团并滚圆后，放入烤盘再醒发20分钟。

6 轻拍出面团的大气泡，再次滚圆后，收口捏紧，将面团收口朝上放入藤篮，二次发酵40~50分钟，或面团膨胀至两倍大。

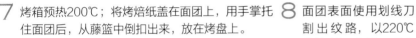

7 烤箱预热200℃；将烤焙纸盖在面团上，用手掌托住面团后，从藤篮中倒扣出来，放在烤盘上。

8 面团表面使用划线刀割出纹路，以220℃先烤制15分钟，观察表面上色状况，可降至210℃再续烤15分钟即完成。

炼乳香蕉核桃面包

在面团里加入熟透了的香蕉和香甜浓郁的炼乳,
咀嚼时带着核桃脆脆的口感及坚果香气,
是有着东南亚风味的一款面包。

成品量

8个 / 每个80克

材料

面团

A

高筋面粉 · · · · · 295克

全麦面粉 · · · · · 35克

细砂糖 · · · · · 20克

盐 · · · · · 6克

酵母粉 · · · · · 3克

水 · · · · · 200克

香蕉 · · · · · 85克

炼乳 · · · · · 35克

B

奶油 · · · · · 10克

表面装饰

奶油 · · · · · 50克

核桃 · · · · · 适量

二砂糖 · · · · · 适量

1 将面团A材料倒入搅拌机的钢盆中搅拌面团至可扩展的状态，加入B材料搅拌至面团可拉出薄膜，进行一次发酵60分钟。

2 分割成8个面团后滚圆，醒发10~15分钟（冷藏发酵）。

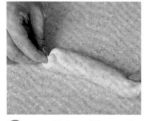 

3 面团排气后擀开，从上往下卷，并将收口捏紧，其中一端搓尖为锥子状，静置5分钟。

小贴士 TIPS

● 做法1打完面团如果太软黏，可放进冰箱冷藏30分钟后再发酵。

4 收口朝上，将面团从中间开始往上方及下方擀长，宽的部分稍微压开一点，轻轻往尖端卷起来，收口捏紧朝下，二次发酵30~40分钟。

5 烤箱预热200℃；将面团从中间用划线刀割开，面团中心挤入奶油，撒上适量核桃、二砂糖，再放入烤箱以200℃烤制12~15分钟即可。

葡萄干奶酥小吐司

湿润软弹的汤种吐司，包入自制的奶酥馅，吃起来不会有负担，
还有葡萄干，是台式面包经典款，也是大人小孩都喜欢的口味。

预先准备

将汤种材料倒入锅中拌匀后，以中火煮至浓稠状，放凉，盖上保鲜膜，保鲜膜贴紧面糊表面，再放入冰箱冷藏一夜备用。

 做法

奶酥馅

 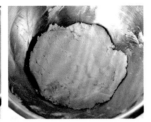
 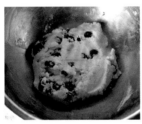

1 奶油回室温，糖粉过筛，再将所有材料拌匀备用。

主面团

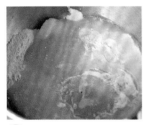  

2 所有A材料倒入搅拌机的钢盆中搅拌面团至可扩展状态，再加入B材料搅拌至产生薄膜，进行一次发酵1小时。

3 面团分割成2个300克面团，醒发15~20分钟。

 成品量

2条 / 每条300克

 模具

不粘水果条烤模
2个
（17.5厘米×8.5厘米×7厘米）

 材料

汤种面团
高筋面粉 · · · · · 17克
水 · · · · · · · 85克

主面团
A
高筋面粉 · · · · 313克
细砂糖 · · · · · 33克
盐 · · · · · · · 5.4克
奶粉 · · · · · · 10克
酵母粉 · · · · · 3.3克
鸡蛋 · · · · · · 33克
水 · · · · · · 100克
汤种面团 · · · · 102克
B
奶油 · · · · · · 33克

奶酥馅
奶油 · · · · · · 65克
糖粉 · · · · · · 45克
盐 · · · · · · · 少许
鸡蛋 · · · · · · 13克
奶粉 · · · · · · 65克
葡萄干 · · · · · 35克

表面装饰
鸡蛋液 · · · · · 适量

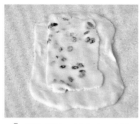   

4 面团擀开抹入奶酥馅，卷起后，将收口捏合朝下放入烤模中，二次发酵30~40分钟。

5 烤箱预热190℃；将面
团表面涂上鸡蛋液，
放入烤箱烤制25分钟
即完成。

白芝麻味增面包卷

味增的咸中带着甘甜，也带着发酵的香气，
面团上面再撒上白芝麻一起烘烤，
就完成了咸香的日式风味面包。

成品量

6个 / 每个100克

材料

面团

A

高筋面粉 · · · 265克
低筋面粉 · · · 65克
细砂糖 · · · · 40克
盐 · · · · · · · · 4克
奶粉 · · · · · · 10克
酵母粉 · · · · 3.3克
鸡蛋 · · · · · · 33克
水 · · · · · · · 182克

B

奶油 · · · · · · 33克

味增酱

白味增 · · · · 50克
奶油 · · · · · · 30克
细砂糖 · · · · 15克

表面装饰

鸡蛋液 · · · · · 适量
白芝麻 · · · · · 适量

做法

味增酱

1 所有材料搅拌均匀即可。

面团

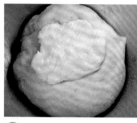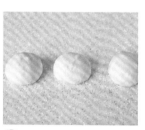

2 将A材料倒入搅拌机的钢盆中搅拌面团至可扩展状态。加入B材料搅拌至产生薄膜。一次发酵60分钟。

3 分割为6个100克面团后滚圆，醒发10~15分钟。

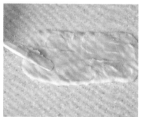

4 将面团擀开成15厘米×10厘米，涂抹上味增酱。

5 由上往下卷起后，捏紧收口。

6 面团摆直，上端不切断，由中间均切成两等份。

7 左右交叉编成辫子状，尾端捏紧往下收，放在烤盘上二次发酵30~40分钟。

8 烤箱预热180℃。面团发好后，表面刷鸡蛋液、撒上白芝麻，再放入烤箱烤制15分钟即完成。

黑糖奶油小餐包

餐包面团中，包入浓郁香气的黑糖，表面撒上杏仁酥菠萝，烤后的面包里会有黏稠的黑糖浆，
香香甜甜的好滋味，是最适合冬天的小点心。

黑糖内馅

1 将材料拌匀即可。

酥菠萝

2 所有材料分别加入、切拌均匀后，放冰箱冷冻至少30分钟。

成品量

12个 / 每个 50克

材料

面团
A
高筋面粉	265克
低筋面粉	65克
细砂糖	33克
盐	5克
奶粉	10克
酵母粉	3.3克
水	182克

B
鸡蛋	33克
奶油	33克

黑糖内馅
黑糖粉	50克
低筋面粉	25克

酥菠萝
高筋面粉	20克
细砂糖	20克
奶油	20克
杏仁角	30克

表面装饰
鸡蛋液	适量

小贴士 TIPS
● 酥菠萝材料和钢盆预先冷藏后再拌，不可过冰，奶油只要手指掰得断即可。

面团

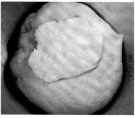  

3 将A材料倒入搅拌机的钢盆中搅拌成有延展性的面团，加入B材料搅拌至产生薄膜，一次发酵60分钟。

4 将面团分割成12个面团滚圆，醒发10~15分钟。

5 将面团拍扁包入黑糖馅，收口捏紧后，放入烤盘，二次发酵30~40分钟。

6 烤箱预热180℃，将面团表面刷上鸡蛋液，表面撒上酥菠萝，放入烤箱烤制15分钟即可。

小贴士 TIPS

● 包入黑糖内馅时，可用汤匙向下压，这样比较好收口。

蜜糖甜甜圈

一般对于甜甜圈的外观印象是中心有个空洞，
这里要给大家介绍的是圆圆的，并且有内馅的欧式甜甜圈。
将炸好的甜甜圈切开，挤上自制的香草卡仕达奶油馅，
酥脆的外皮搭配香浓内馅，回味无穷。
另外欧式甜甜圈也可以在中间直接挤入果酱后食用。

成品量

10个／每个55克

材料

中种面团
高筋面粉 · · · · 150克
水 · · · · · · · · 40克
牛奶 · · · · · · · 60克
酵母粉 · · · · · 1.5克

主面团
A
高筋面粉 · · · · 150克
细砂糖 · · · · · 36克
盐 · · · · · · · · 3.6克
酵母粉 · · · · · 2.1克
鸡蛋 · · · · · · · 90克
香草精 · · · · · · 1滴
B
奶油 · · · · · · · 45克

卡仕达馅
蛋黄 · · · · · · · · 2个
香草精 · · · · · · 1滴
细砂糖 · · · · · 30克
低筋面粉 · · · · 10克
玉米淀粉 · · · · 10克
牛奶 · · · · · · · 250克
奶油 · · · · · · · 10克
朗姆酒 · · · · · 10克

表面装饰
细砂糖 · · · · · · 适量

预先准备

将中种材料混合成团，揉至光滑。室温发酵30分钟，再冷藏发酵12~15小时。

做法

卡仕达馅

  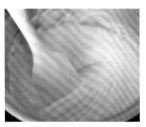

1 取一钢盆，将蛋黄倒入并加入香草精、1/2量的细砂糖搅拌均匀，再加入低筋面粉及玉米粉搅拌均匀。

2 牛奶加入另1/2细砂糖，在锅中加热至冒烟，倒入做法1的钢盆内，边倒边搅拌。

3 搅拌好后，过筛至做法2的锅内，再次上炉加热，搅拌至浓稠中间冒泡。

4 熄火加入奶油拌匀后，再加入朗姆酒拌匀。

5 贴上保鲜膜，放置于一盛满冰块的钢盆内，冷却至室温，即可放冰箱冷藏备用。

主面团

 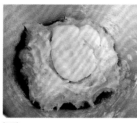  

6 主面团 A 材料倒入搅拌机的钢盆中搅拌至面团成光滑的状态。

7 加入主面团 B 材料搅拌至完成，一次发酵40分钟。

8 分割滚圆成10个面团后，醒发15分钟。

9 再次将面团滚圆后，二次发酵30分钟。

10 准备油炸锅，以油温160℃炸面团3~4分钟至表面金黄，取出，将表面滚上细砂糖。

11 食用前从中间切开，挤上卡仕达馅即可。

小贴士 TIPS

● 做法6面团温度维持在24~25℃，在机器中搅拌时若温度太高，可以取出用手摔打至光滑。

咖啡巧克力小吐司

巧克力的可可香气加上咖啡的微苦香醇，
又带有坚果香气及果香微酸，可以让吐司的风味更有层次。

预先准备

1 将中种面团所有材料拌和，在案板上揉成光滑的面团，放室温发酵2小时，再放入冰箱冷藏1小时。

2 将水果条模内部抹上奶油备用。

 做法

主面团

1 将中种面团切成小块，加入主面团的A材料搅拌成面团至可扩展状态，再加入B材料调成的咖啡膏，之后加入C材料，搅拌至产生薄膜，一次发酵40分钟。

2 分割成4个150克的面团后滚圆，醒发15~20分钟。

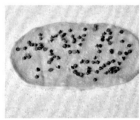  

3 面团擀开成长方形（17厘米×12厘米），铺入水滴巧克力后卷起来，收口捏紧。

4 将面团摆直，预留顶端一小段，从中切开，编成麻花状，将头尾往下收，立刻放入不粘水果条烤模内，二次发酵40~50分钟。

5 预热烤箱180℃；表面刷鸡蛋液后，放入烤箱烤制25分钟即可。

 成品量

4条/每个150克

 模具

水果条烤模
1个
（17.5厘米×8.5厘米×7厘米）

 材料

中种面团
高筋面粉 · · · 223克
水 · · · · · · 144克
酵母粉 · · · · 1.6克

主面团
A
高筋面粉 · · · · 96克
细砂糖 · · · · · 38克
盐 · · · · · · · · 6克
奶粉 · · · · · · 10克
酵母粉 · · · · · 3.2克
鸡蛋 · · · · · · 32克
水 · · · · · · · 32克
B
咖啡粉 · · · · · · 8克
热水 · · · · · · · 6克
C
奶油 · · · · · · 32克
其他材料
巧克力 · · · · · 50克
表面装饰
鸡蛋液 · · · · · 适量

橙皮巧克力辫子面包

巧克力和香橙的完美搭配，在面团成形时编成辫子，
除了造型美观，也让面包吃起来松软中带着弹劲，
再点缀上珍珠糖，就像甜点般可爱。

蜜渍橙皮丁加入适量的白兰地酒（分量外）浸泡一晚备用。

 做法

1 将A材料倒入搅拌机的钢盆中搅拌至面团成光滑的状态。加入B材料搅拌至可拉出薄膜，一次发酵60分钟。

2 将面团分割成18个面团后滚圆，醒发10~15分钟。

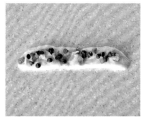

3 面团拍扁排气拉成长方形，再撒入适量水滴巧克力、蜜渍橙皮丁后卷起、收口，放在桌上，盖保鲜膜静置5分钟。

成品量

6个 / 每个90克

材料

面团
A
高筋面粉 · · · · 300克
细砂糖 · · · · · 30克
盐 · · · · · · · 4.5克
奶粉 · · · · · · · 9克
酵母粉 · · · · · · 3克
水 · · · · · · · 165克
鸡蛋 · · · · · · 30克
B
奶油 · · · · · · 30克

内馅
巧克力 · · · · 100克
蜜渍橙皮丁 · · · 100克

表面装饰
鸡蛋液 · · · · · 适量
珍珠糖 · · · · · 适量

4 接着搓长成长条状，3个一组编成辫子后，头尾捏紧，放入烤盘，二次发酵30~40分钟。

5 烤箱预热180℃，面团表面刷鸡蛋液，撒上珍珠糖后，以180℃烤制15~18分钟即可。

火焰山辣味芝士面包

身边喜欢吃辣的朋友，希望我可以设计一款辣味面包，
在思索这款面包时，贪心地希望不管是嗜辣的朋友，
还是辣度等级低的朋友，都可以喜欢这款面包。
这是有着辣椒迷人香气，在咀嚼中慢慢散发辣椒后劲，
让人欲罢不能、会忍不住再吃第二个的面包。

成品量

10个 / 每个60克

材料

预先准备

夏威夷豆先以150℃烤制15分钟左右至有香气。

做法

面团

A

高筋面粉 · · · ·	230克
低筋面粉 · · · ·	100克
细砂糖 · · · · ·	20克
盐 · · · · · ·	5克
低糖酵母粉 · · ·	3克
水 · · · · · ·	208克
蜂蜜 · · · · ·	17克
辣椒粗粒粉 · · ·	8克
匈牙利红椒粉 · ·	10克
初榨橄榄油 · · ·	20克

B

夏威夷豆 · · · ·	35克

其他材料

高熔点乳酪丁 · ·	60克
橄榄油 · · · · ·	适量
辣椒粗粒粉 · · ·	适量

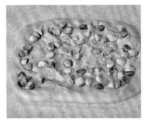

1 将A材料放入搅拌机的钢盆中搅拌成可扩展的状态。

2 将面团铺成方形，撒上B材料，包起后，使用切拌方式拌匀。

3 一次发酵60分钟后，分割成10个面团滚圆，再醒发15分钟。

小贴士 TIPS

● 辣椒粗粒粉（辣度）及匈牙利红椒粉（颜色）为干燥的天然食材，添加在面包中的分量，可依个人口味及面团显色喜好进行增减。

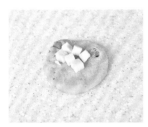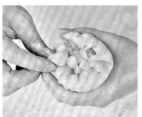

4 面团拍扁排气后，包入适量高熔点乳酪丁，放在烤盘上，二次发酵30~40分钟。

5 烤箱预热200℃；将面团表面刷橄榄油，中心剪十字撒上少许帕玛森芝士粉，于开口处撒一点辣椒粗粒粉，再放入烤箱烤制13分钟即可。

黑胡椒腰果面包

胡椒是与盐一起并列料理最常使用的调味料，
这次把黑胡椒加到面团里，黑胡椒的辛料味，让面包充满香气之余，
在食用后会让身体发热，因此加入了腰果稍稍缓解了刺激感，
也在食用时增加口感的趣味性。

做法

1 将所有材料倒入搅拌机的钢盆中搅拌至面团光滑，再进行一次发酵60分钟。

2 将面团分割为6个，滚圆并醒发15分钟。

成品量

6个 / 每个100克

材料

面团

高筋面粉	· · ·	210克
低筋面粉	· · ·	140克
细砂糖	· · ·	20克
盐	· · ·	7克
黑胡椒粗粒粉	·	7克
低糖酵母粉		3.5克
水	· · ·	220克
蜂蜜	· · ·	10克
橄榄油	· · ·	20克

内馅

腰果（烤熟）	· · ·	90克

3 将腰果稍微切碎；面团轻拍排气后拉成椭圆形，排上15克腰果。

4 由上往1/3处折，使用掌根收口，重复2~3次，整成长条形，并在烤盘上二次发酵30~40分钟。

5 烤箱预热200℃；面团表面划线，再放入烤箱烤制15分钟即完成。

大阪烧面包

去日本大阪游玩时，大阪烧是必吃的美食，它通常会在面糊里加入山药泥，
因此在设计这款面包时，特别在面团里加入了马铃薯泥，增加面包的松软度和弹性，
将大阪烧做成面包，可以一次烤好几个，不用一个一个煎，这样减少了用油量，
最后淋上自制的山葵蛋黄酱，撒上柴鱼片和海苔粉，美味极了！

面团

材料

1 将面团所有材料放入搅拌机的钢盆中搅拌成可扩展状态，一次发酵60分钟。

2 分割8个面团后滚圆，醒发15分钟。

3 将面团用手推成圆形，二次发酵30~40分钟。

4 面团表面刷橄榄油，在表面戳洞，撒上少许圆白菜丝，铺上培根片。

面团

高筋面粉	190克
低筋面粉	130克
细砂糖	26克
盐	5克
马铃薯泥	80克
酵母粉	3.2克
水	176克
橄榄油	10克

表面装饰

橄榄油	适量
圆白菜（切丝）	80克
培根片（切大丁）	3条
山葵酱	适量
蛋黄酱	适量
柴鱼片	适量
海苔粉	适量

表面装饰

5 烤箱先预热至200℃；将面团烤盘送入烤箱，烤制15分钟后取出，稍微放凉后在表面挤山葵蛋黄酱、撒上柴鱼片、海苔粉作装饰即可享用。

小贴士 TIPS

● 山葵蛋黄酱比例为山葵酱：蛋黄酱＝1：4。

什蔬咖喱面包

晚餐时刻想要快速享用咖喱饭时，就会制作加入猪肉馅及多种菇类的咖喱，
没有吃完的咖喱在冷藏放置一晚后，状态会凝固而且变得更加入味，
这时最适合做这款什蔬咖喱面包，想要表皮有酥脆感，又不想油炸时，也可以用烤箱烤制，
请一定要试试这款美味健康的咖喱面包。

蔬菜野菇咖喱

1 洋葱、胡萝卜、马铃薯、蟹味菇、大蒜切成小丁。

2 取一锅，将猪肉馅炒香，依序加入洋葱、胡萝卜、马铃薯、大蒜拌炒，接着加入印度咖喱粉拌炒，再加入水熬煮30分钟，最后加入咖喱块边煮边拌匀即可。

面团

3 将A材料倒入搅拌机的钢盆中搅拌面团至可扩展状态，再加入B材料搅拌至可拉出薄膜，一次发酵60分钟。

4 分割成12个面团，滚圆之后醒发15分钟。

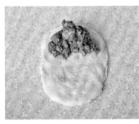

5 面团擀开，包入咖喱馅并收口，表面蘸鸡蛋液、面包粉后，再放烤盘二次发酵30~40分钟。

6 烤箱预热180℃；烤制前面团表面淋上1茶匙米糠油，再以180℃烤制15分钟即可。

成品量

12个/每个50克

材料

面团

A

高筋面粉	330克
细砂糖	33克
盐	5克
酵母粉	3克
水	66克
牛奶	132克
鸡蛋	33克

B

奶油	33克

蔬菜野菇咖喱

洋葱	1/2个
胡萝卜	1小段
马铃薯	1个
蟹味菇	1/2包
大蒜	3瓣
猪肉馅	300克
印度咖喱粉	1大匙
水	500~700毫升

C

咖喱块	2~3小块

表面材料

鸡蛋液	适量
面包粉	适量
米糠油	适量

小贴士 TIPS

● 咖喱需在制作面包的前一天先煮好放冰箱冷藏，隔天包馅时会比较方便操作。

咸奶油蜗牛卷面包

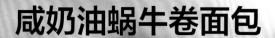

身边有很多人偏爱咸面包，因为想传递给他们肉桂卷的香甜幸福，
于是思索出咸口味版本的奶油蜗牛卷面包，
面包成形时最特别的是，不用特别将收口捏紧，就让面团们自由发展，
烘烤后面包的表面酥脆，内部软弹，并带着奶油咸香。

成品量

14个 / 每个40克

材料

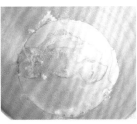 

1 将A材料倒入搅拌机的
钢盆中搅拌面团至可
扩展状态，加入B材料
搅拌至产生薄膜，一
次发酵60分钟。

2 将面团分割成2个滚圆
后，放冰箱冷藏醒发
15分钟。

3 面团擀开擀开成15厘米×40厘米的长方形，涂上
有盐奶油，面团最上方2厘米处留白不涂，从下而
上卷起来，不捏收口。

4 将面团平均切为7等份，二次发酵30~40分钟。

5 烤箱预热200℃；烤制前表面喷水（分量外）、撒
上白芝麻，再放入烤箱烤制12~15分钟即可。

面团

A

高筋面粉	310克
细砂糖	25克
盐	4.7克
奶粉	9克
酵母粉	3克
水	62克
牛奶	155克

B

奶油	25克

其他材料

有盐奶油	50克

表面装饰

白芝麻	适量

意式香料面包棒

意式面包棒（Grissini），使用的是材料单纯的橄榄油面团，是意式餐厅常见的餐前小点心，
咸香的口感也很适合搭配喝点小酒，
豪华版的吃法是和芝麻叶一起用帕玛生火腿卷起来吃，就变成了一道丰盛的餐前开胃菜。

材料

面团

高筋面粉 · · · · 180克
细砂糖 · · · · · · 11克
盐 · · · · · · · · · · 3克
意式综合香料 · · 适量
酵母粉 · · · · · · · 2克
水 · · · · · · · · · 110克
橄榄油 · · · · · · 11克

表面装饰

橄榄油 · · · · · · · 适量
黑胡椒粗粒 · · · · 适量
帕玛森芝士粉 · · · 适量
匈牙利红椒粉 · · · 适量

1 面团所有材料倒于钢盆搅拌均匀。将面团取出于桌上揉至表面光滑，进行一次发酵60分钟。

2 分割成2个150克面团滚圆后，醒发15~20分钟。

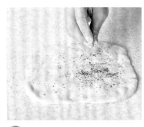

3 面团擀成厚度2~3毫米（15厘米×10厘米）长方形，表面刷橄榄油，再撒上表面装饰材料。

4 切成八等份长条状，一手往上、一手往下搓成螺旋状，放入烤盘。烤箱预热190℃，放入烤箱烤制10~15分钟。

葱花面包

葱花面包是面包店常见的一款面包。
在青葱盛产的季节，不手软地在面团上放上大把葱花，
在烘烤的过程中，浓浓的香气就是最煎熬的时刻，
所以面包烤好时，很难耐心等到放凉才食用。

葱花馅

1 将青葱洗净擦干，切成葱花，再和所有材料拌匀。

面团

2 将A材料倒入搅拌机的钢盆中搅拌面团至可扩展状态，加入B材料搅拌至产生薄膜，一次发酵60分钟。

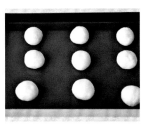

3 分割18个30克面团后滚圆，醒发10~15分钟。

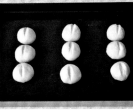

4 再次滚圆，3个面团排成一组放上烤盘，面团中心用划线刀浅浅划一刀，发酵40分钟。

5 烤箱预热180℃；面团表面涂上鸡蛋液，中心放上葱花馅，再放入烤箱烤制15分钟即可。

成品量

6个／每个90克

材料

面团

A

高筋面粉	280克
细砂糖	56克
盐	2.8克
奶粉	8克
酵母粉	2.8克
水	85克
牛奶	100克
蛋黄	15克

B

奶油	28克

葱花馅

葱花	150克
橄榄油	40克
鸡蛋	60克
咖喱粉	1大匙
白胡椒粉	适量
盐	适量

表面装饰

鸡蛋液	适量

小贴士 TIPS

● 做法1的葱花，要在放到面团表面时再将葱花馅拌匀，若太早拌好，盐会使葱花出水，影响面包口感。

香蒜法国面包

在法国面包上抹上自制的大蒜奶油，大蒜的辛辣感在烤完后变成迷人的香气，
若能购买到新鲜欧芹，可让大蒜奶油更多一抹绿意的清新，
面包最后完成的香气及口味，会让人充满成就感。

大蒜奶油馅

1 奶油打软，将所有材料拌匀，装入三明治袋中备用。

面团

2 所有面团材料搅拌至表面光滑的状态，一次发酵60分钟。

3 分割6个100克面团后滚圆，醒发15~20分钟。

4 面团拍扁成椭圆状，由上往下卷，用手指压好，豆卷起整形成长条，放于烤盘上二次发酵40分钟。

5 烤箱预热200℃；面团撒上面粉、中间划线，并挤上大蒜奶油馅，放入烤箱烤制15分钟。烤好后表面再挤一次大蒜奶油馅，以180℃再烤制2~3分钟即可。

成品量

6个/每个100克

材料

面团

高筋面粉 · · · · · 225克
低筋面粉 · · · · · 95克
细砂糖 · · · · · · 16克
盐 · · · · · · · · 5克
低糖酵母粉 · · · · 3克
水 · · · · · · · · 200克
蜂蜜 · · · · · · · 10克
老面 · · · · · · · 65克
橄榄油 · · · · · · 16克

大蒜奶油馅

奶油 · · · · · · · 80克
蒜（磨泥） · · · · 3瓣
细砂糖 · · · · · · 10克
盐 · · · · · · · · 适量
黑胡椒粗粒 · · · · 适量
新鲜欧芹（切碎）
· · · · · · · · · · 适量

芝士洋葱鲔鱼面包

鲔鱼及玉米罐头，是很多家庭的常备品，
花心思加入炒得甜甜的法式洋葱白酱，
烤前再撒上芝士丝，模仿餐厅里的焗烤，是一款治愈系面包。

做法

内馅

1 洋葱切细碎，倒入锅中拌炒至透明，在锅中心加入无盐奶油融化后，加入低筋面粉拌炒。再分次加入牛奶拌匀，并加入盐、黑胡椒调味。

2 将水渍鲔鱼及玉米粒的水分过滤后，再加入锅中搅拌均匀。

面团

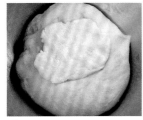  

3 将面团A材料倒入搅拌机的钢盆中搅拌面团至可扩展状态，加入B材料搅拌至产生薄膜，一次发酵60分钟。

4 将面团分割成12个后滚圆，醒发15分钟。

5 面团擀成比纸模大一点点，放入纸模中边缘压实，再于面团中心填入内馅，二次发酵30~40分钟。

6 烤箱预热180℃；将面团表面涂上鸡蛋液，撒上芝士丝，放入烤箱烤制15分钟后取出，再撒上干燥欧芹装饰即可。

 成品量

12个/每个50克

 模具

墨西哥纸模
12个

 材料

面团

A

高筋面粉	320克
细砂糖	38克
盐	5克
奶粉	10克
酵母粉	3.2克
蛋黄	32克
水	180克

B

奶油	38克

内馅

洋葱	100克
无盐奶油	20克
低筋面粉	20克
牛奶	260克
盐	适量
黑胡椒	适量
水渍鲔鱼	100克
玉米粒	50克

装饰材料

鸡蛋液	适量
芝士丝	200克
干燥欧芹	适量

PART **2** 是面包也是生活的滋味　135

PART 3

Seasonal Flavors

是面包也是四季的风景
享受季节的风味

在每种水果味道最好的时刻，用心揉进面团里；
感受两者完美融合，是从视觉到口感的绽放。

帕玛森豆香面包

在面团里加入板豆腐，让面包的口感更有弹性，咀嚼时会带着淡淡的豆香；
烫过的毛豆仁快速泡一下冰水，可以让毛豆的颜色更翠绿，
加入毛豆的面包好吃、营养又健康。

内馅

成品量

8个／每个80克

材料

面团

面团

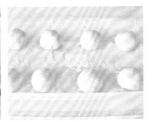

1 将材料拌匀并适当调味备用。

2 将全部面团材料倒入搅拌机的钢盆中搅拌成可扩展的面团，一次发酵60分钟。

3 分割成8个面团后滚圆，醒发15分钟。

面团

高筋面粉	330克
细砂糖	26克
盐	4克
帕玛森芝士	10克
酵母粉	3.3克
水	130克
豆腐	165克
米糠油	20克

内馅

熟毛豆仁	60克
山葵酱	适量
盐	适量
黑胡椒	适量

表面装饰

帕玛森芝士粉	适量

4 面团用手掌拍扁，放上内馅，由上往1/3处折，使用掌根收口，重复2~3次，慢慢整成长条形，再放在烤盘上二次发酵30~40分钟。

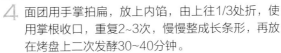

5 烤箱预热200℃；面团用剪刀剪出切口，再撒上芝士粉，放入烤箱烤制12~15分钟即完成。

——· 季节食材 ·——

近年盛行健身及多补充蛋白质，毛豆及豆腐都是低热量的优质蛋白质，对于吃素的朋友，也是一种很好的选择。

烟熏甜椒叶形面包

叶形面包，又称面具面包（Fougasse），
是一款充满南法风情的面包，通常在表面镶上橄榄、番茄干、香料等。
甜椒本身有特别的味道，有些人不敢吃，
但如果经过烤制，就会香香甜甜，并有烟熏的风味。
希望不敢吃甜椒的人，可以跨出一步尝试看看。

面团

1 将面团全部材料倒入搅拌机的钢盆中搅拌成可扩展的面团，一次发酵60分钟。

2 将发好的面团分割为6个后滚圆，醒发15~20分钟。

3 面团擀开后，切出叶脉状，稍微调整切口，二次发酵30~40分钟。

4 烤箱预热200℃；在表面刷上橄榄油，镶入红、黄甜椒丝，撒上意式综合香料、海盐以及红椒粉，再放入烤箱烤制15分钟即可。

成品量

6个 / 每个80克

材料

面团

高筋面粉 · · ·	180克
低筋面粉 · · ·	120克
细砂糖 · · · ·	15克
盐 · · · · · ·	5克
匈牙利红椒粉 ·	适量
低糖酵母粉 · ·	3克
水 · · · · · ·	190克
橄榄油 · · · ·	15克

表面装饰

橄榄油 · · · · · ·	适量
红、黄甜椒 · · ·	各半个
意式综合香料 · ·	适量
海盐 · · · · · · ·	适量

季节食材

甜椒富含维生素C，红椒及黄椒颜色鲜艳，加入料理中可以让菜肴增色。

桑葚乳酪面包

在面团中加入微酸桑葚制作而成的果酱，
让面团拥有独特的颜色及口感，
桑葚香气融入奶油乳酪内馅，让面包滋味更加丰富。

桑葚乳酪馅

1 将回室温的奶油乳酪打软，加入过筛的糖粉，分次加入鸡蛋及桑葚果酱拌匀，再加入奶粉拌匀。

面团

2 将面团A材料倒入搅拌机的钢盆中搅拌面团至可扩展状态，再加入B材料打至产生薄膜，一次发酵60分钟。

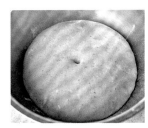 

3 分割成12个50克面团后滚圆，再醒发15分钟。

成品量

12个/每个50克

模具

墨西哥圆纸模
9个
（底部直径8厘米×高3厘米）

材料

面团

A

高筋面粉	270克
低筋面粉	70克
盐	5克
奶粉	10克
酵母粉	3.4克
桑葚果酱	70克
水	170克
鸡蛋	35克

B

奶油	35克

桑葚乳酪馅

奶油乳酪	150克
糖粉	15克
鸡蛋	15克
桑葚果酱	40克
奶粉	15克

表面装饰

鸡蛋液	适量
珍珠糖	适量

小贴士 TIPS

● 买回的桑葚果酱含水量可能不一，水分请酌量添加。

—— 季节食材 ——

春天是桑葚的盛产期，有着鲜艳颜色的桑葚是富含花青素、维生素的抗氧化水果，越是紫黑色越甜。

4 面团擀成长椭圆形，抹入内馅后对折，收口捏紧后朝下放，稍微压平。

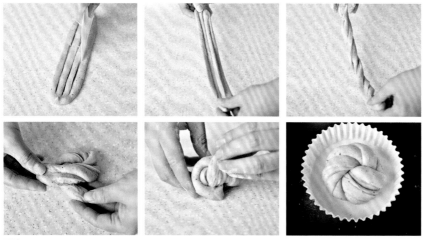

5 再次擀开成长椭圆形，从中心均切四条，头尾不切断，稍微拉长并扭转绕一个
结，接着放入纸模中，二次发酵30~40分钟。

6 烤箱预热180℃；将表面刷鸡蛋液，撒上珍珠糖，
再放入烤箱烤制15分钟即可。

焦糖苹果小吐司

身边大部分人都把苹果当水果吃，有的人对于煮过的苹果会有点抗拒，但这款焦糖苹果小吐司，适合买偏酸清脆的苹果来制作，会让口感更有层次，建议前一天将苹果馅做好，静置放凉后的苹果馅会更好操作。

成品量

2条 / 每条300克

模具

不粘水果条烤模
2个
（17.5厘米×8.5厘米×7厘米）

材料

中种面团
高筋面粉 · · · · · · 230克
水 · · · · · · · · · · 150克
酵母粉 · · · · · · · · · 1克

主面团
A
高筋面粉 · · · 100克
细砂糖 · · · · · · 33克
盐 · · · · · · · · · · 6克
奶粉 · · · · · · · · 10克
酵母粉 · · · · · · · · 3克
水 · · · · · · · · · 33克
鸡蛋 · · · · · · · · 33克
B
奶油 · · · · · · · · 26克

内馅
苹果 · · · · · · · 400克
细砂糖 · · · · · · · 60克
奶油 · · · · · · · · 20克
肉桂粉 · · · · · · · 少许

预先准备

中种面团

1 将中种材料搅拌均匀。

2 室温发酵30分钟，再冷藏发酵12~15小时。

 做法

内馅

1 苹果削皮切厚片，放入厚锅中，加入细砂糖，先用小火煮至苹果出水，之后转中火边炒边收干。炒至略有上色后，加入奶油拌匀，依照个人喜好加入适量的肉桂粉。

主面团

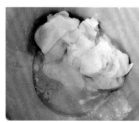

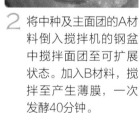

2 将中种及主面团的A材料倒入搅拌机的钢盆中搅拌面团至可扩展状态。加入B材料，搅拌至产生薄膜，一次发酵40分钟。

3 分割2个300克面团后滚圆，醒发15~20分钟。面团擀开成长方形（17厘米×12厘米）。

· 季节食材 ·

苹果的盛产季从9月到11月，苹果富含维生素C、膳食纤维等营养物质，可增强免疫力，是全方位的健康水果。

小贴士 TIPS

● 做法1苹果削皮、对剖一半后，切面朝下，平均切成三等份后转90度，再切成0.5厘米的片状，可以淋上一点柠檬汁防止氧化。

4 铺上苹果馅，由上往下卷起后，捏紧收口，再分切成三卷，并放入吐司模，二
  次发酵50分钟。

5 烤箱预热180℃；面团发酵好后，放入烤箱烤制
  25分钟，烤好后可趁热在面包表面刷一点奶油。

牛蒡面包棒

每年春天，会收到亲戚自己种的牛蒡，
除了煮汤，最喜欢做成一道金平牛蒡，
一次做多一点，放在冰箱里就能当常备菜。
有一天突然发想，如果把这道金平牛蒡做成面包，一定也很好吃吧？
牛蒡也让面包不只有淀粉，更增添膳食纤维。

做法

内馅

1 牛蒡洗净后，用汤匙将表皮刮掉后刨丝泡水；姜洗净切丝，再将所有材料依序倒入锅中炒香即可。

面团

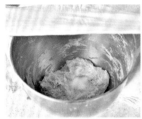 

2 将A材料一起搅拌至没有粉气，再将B材料分别撒在面团表面的两处，盖湿布静置30分钟。

3 面团再次轻微搅拌让B材料吸收，再加入C材料搅拌至有延展性。并进行一次发酵60分钟。

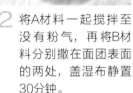

4 翻面时，将内馅平均铺上，再发酵30分钟。

材料

面团
A
高筋面粉 · · · 250克
全麦面粉 · · · · 60克
水 · · · · · · 217克
蜂蜜 · · · · · 16克
老面 · · · · · 65克
B
低糖酵母粉 · · · · 2克
盐 · · · · · · · 6克
C
米糠油 · · · · 16克

内馅
牛蒡 · · · · 200克
姜 · · · · · 1小块
细砂糖 · · · 15克
酱油 · · · · 10克
熟白芝麻 · · · 20克

表面装饰
高筋面粉 · · · · 适量

—— 季节食材 ——

牛蒡营养丰富，富含膳食纤维，适量食用可以帮助排便，降低胆固醇；牛蒡削皮、切开后，遇到空气会氧化变色，因此料理前先泡在水里可以防止变黑。

5 将面团分割为6个并滚
圆，醒发20分钟。

6 面团用手掌拍成长条状，往内1/3处折，使用掌根收口，重复2~3次，整成长
条形，二次发酵30~40分钟。

7 烤箱预热220℃，于面团表面撒高筋面粉，用剪刀
剪出切口，以220℃烤制15分钟即完成。

金橘熏鸡面包

金橘干的口感酸酸甜甜，尾调带点苦涩感，
让我产生了和熏鸡一起搭配的想法。
建议将金橘切小块一点，熏鸡切大块一点，
搭配起来十分随意。

成品量

8个 / 每个80克

材料

面团

A

高筋面粉	300克
全麦面粉	70克
细砂糖	25克
盐	6克
奶粉	11克
酵母粉	3.6克
水	235克

B

| 奶油 | 25克 |

C

| 金橘干 | 25克 |

内馅

熏鸡	150克
炒熟的洋葱	50克
黑胡椒	适量

表面装饰

| 全麦面粉 | 适量 |

 预先准备

将金橘干用剪刀剪成小块，在表面喷水让果干回软。

 做法

内馅　　　　　　　　　**面团**

 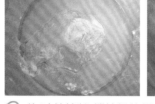

1 熏鸡肉剥小块，和洋　　2 将A材料倒入搅拌机的钢盆中搅拌面团至可扩展状
　葱、黑胡椒拌匀即可。　　　 态，再加入B材料搅拌至表面光滑。

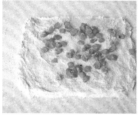 

3 取出面团铺平，包入C材料，切拌混合均匀后，一　　4 面团分成割8个滚圆
　次发酵60分钟。　　　　　　　　　　　　　　　　　 后，醒发15分钟。

── 季节食材 ·

金橘，每年11月到2月
是收获期，它富含维生
素C，有止咳化痰以及
防晕车的作用。

5 面团排气，包入内馅后，放入烤盘，二次发酵30~40分钟。

6 烤箱预热190℃；面团表面撒全麦面粉，中心剪十字，再放入烤箱烤制15分钟即可。

小贴士 TIPS

● 可依个人喜好，烤前喷一点水，烤好后表皮会更脆。

黑蒜帕玛森面包

当大蒜因为发酵变成黑蒜时，会让辛辣的蒜味转化成焦糖甜味，
因此将黑蒜直接打入面团中，
面团会有漂亮的大理石纹路，焙烤时也有特别的香气。

 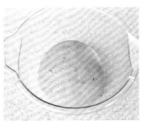

1 将面团所有材料倒入搅拌机的钢盆中搅拌至面团可扩展状态,一次发酵60分钟。

2 将面团分割为6个后滚圆,醒发15~20分钟。

3 面团排气,放入高熔点乳酪丁,两手微内缩将面团上方往下折,整成橄榄形,收口朝下,再放入烤盘二次发酵30~40分钟。

4 烤箱预热200℃;表面撒高筋面粉,用划线刀切出切口,再放入烤箱烤制15分钟即可。

成品量

6个/每个100克

材料

面团

高筋面粉	210克
低筋面粉	140克
细砂糖	18克
盐	6克
帕玛森芝士粉	适量
低糖酵母粉	4克
水	210克
黑蒜	18克
橄榄油	18克

内馅

高熔点乳酪丁	70克

表面装饰

高筋面粉	适量

———— · 季节食材 · ————

大蒜是人们料理时常使用的辛香料,当大蒜被压碎或切开,与空气接触后,就会产生大蒜素,是很好的抗氧化物质。

白酱野菇面包

这款面包的白酱野菇内馅，需将所有的菇类都细心炒至有香气，
烹调完成后，放凉静置一下，让所有的食材味道融合，
是一款很适合作为正餐的面包。

做法

内馅

1 准备一个锅，炒香洋葱、培根和菇类，加入无盐奶油融化后，加入低筋面粉炒透，再分次加入牛奶、动物性鲜奶油拌匀。

2 关火，依个人喜好加入调味料。

面团

3 将A材料倒入搅拌机的钢盆中搅拌面团至可扩展状态，再加入B材料后，搅拌至可拉出薄膜，一次发酵60分钟。

4 将面团分割为6个后滚圆，松弛15~20分钟。

 成品量

6个/每个100克

 材料

面团

A

高筋面粉	255克
低筋面粉	65克
细砂糖	38克
奶粉	13克
盐	4克
酵母粉	3.2克
鸡蛋	32克
水	176克

B

奶油	38克

内馅

洋葱（切丁）	100克
培根（切丁）	3片
蘑菇（切片）	1盒
蟹味菇（切小段）	1包
白玉菇（切小段）	1包
无盐奶油	20克
低筋面粉	20克
牛奶	100克
动物性鲜奶油	100克
黑胡椒粗粒	适量
盐	适量
意大利香料	适量

表面装饰

鸡蛋液	适量

5 将面团擀成横的长方形，在两边各1/3处均切成六
等份长条状。

6 内馅放在面团中心，将两边面团左右交互编织，最后的面团压在下方做收口，
二次发酵40分钟。

7 烤箱预热180℃；面团表面刷上鸡蛋液，放入烤箱
烤制18分钟即完成。

—— 季节食材 ——

菇类，富含多糖体及膳
食纤维且热量低，各种
烹调方式都很适合。

香橙卡仕达面包

这款面包的卡仕达内馅，使用柳橙汁取代传统配方的牛奶，
让卡仕达内馅吃起来更清爽，并且酸酸甜甜富含柑橘香气，
点缀上切薄片的糖渍香橙片，是一款如甜点般的面包。

成品量

12个 / 每个**50克**

模具

水果条模
4个

材料

面团

A

高筋面粉	255克
低筋面粉	65克
细砂糖	50克
盐	4克
奶粉	13克
新鲜橙皮	1个
酵母粉	3.2克
蛋黄	32克
水	176克

B

奶油	32克

香橙奶油馅

蛋黄	2个
香草精	1滴
细砂糖	60克
低筋面粉	10克
玉米淀粉	10克
柳橙汁	250克
新鲜橙皮屑	1个
奶油	30克
君度酒	10克

糖渍柳橙片

柳橙	1个
细砂糖	50克
水	100克

表面装饰

鸡蛋液	适量
珍珠糖	适量
糖渍柳橙片	12片

 做法

糖渍柳橙片

1　柳橙洗净切成圆薄片；取一锅，将细砂糖与水煮沸后关火，再放入柳橙片浸渍半小时以上。

香橙奶油馅

2　在盆中加入蛋黄、香草精、1/2量细砂糖搅拌均匀，再加入低筋面粉及玉米淀粉搅拌均匀。

3　柳橙汁倒入锅中，并加入1/2细砂糖与新鲜橙皮屑。

4　加热至冒烟后，倒入做法1中的配料，边倒边搅拌。

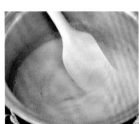

5　再倒回原本的锅后，上炉再次加热至沸腾。

6　关火，加入奶油拌匀后，再加入君度酒拌匀，倒入碗内，以保鲜膜贴紧表面，并在锅中冷却。

香橙卡仕达面包

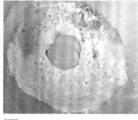

7 将A材料倒入搅拌机的钢盆中搅拌面团至可扩展的状态，加入B材料，搅拌至产生薄膜，一次发酵60分钟。

8 分割成12个50克的面团后滚圆，松弛15~20分钟。

9 烤箱预热180℃；面团擀成圆形之后，再铺入墨西哥纸模内。

10 挤入香橙奶油馅，表面放上糖渍橙片，二次发酵30~40分钟。

11 将周围的面团表面刷上鸡蛋液，再放进烤箱以180℃烤制15分钟取出，放凉后，再撒上珍珠糖装饰即完成。

—•季节食材•—

柳橙酸甜多汁，富含维生素C和膳食纤维。

墨鱼风干番茄面包

将圣女果细心切半后，用烤箱低温烘烤成风干状，
可以让番茄香气更加浓缩，也减少了新鲜水果的水分，让面团制作更加便利，
虽然在制作面包前多了一道工序，但品尝了完成后的面包风味时，
你一定感到值得。

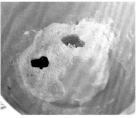 

1 将面团所有材料倒入搅拌机的钢盆中搅拌至面团成光滑状态，一次发酵60分钟。

2 将面团分割为8个后滚圆，醒发20分钟。

3 将面团轻轻排气略拍扁，包入内馅后收口成圆球形，收口朝下，放在烤盘上，二次发酵30~40分钟。

4 烤箱预热200℃；面团表面刷橄榄油，中心剪十字，撒上少许芝士丝，放入烤箱烤制15~18分钟，烤好后，再撒上少许干燥欧芹增添风味。

成品量

8个 / 每个 70克

材料

面团

高筋面粉	225克
低筋面粉	95克
细砂糖	26克
盐	3.8克
香蒜粉	3克
干燥辣椒粉	3克
酵母粉	3克
水	200克
墨鱼汁	8克
橄榄油	16克

内馅

风干圣女果	120克
高熔点乳酪	120克

表面装饰

橄榄油	适量
芝士丝	100克
干燥欧芹	适量

 · 季节食材 ·

圣女果的果皮薄、果肉饱满汁多、甜度高，有着浓浓的番茄香气，直接当水果吃或拌到沙拉里都很适合。

椰香菠萝面包

面团中加入椰丝，搭配蜜渍菠萝，
让人在吃面包时，可以感受到东南亚夏日风情；
菠萝富含酵素，有时食用时会使嘴唇干裂，
制作蜜渍菠萝时，将菠萝煮过后，
会破坏酵素活性，就不会使嘴唇干裂了。

做法

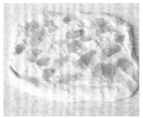

1　将A材料倒入搅拌机的钢盆中搅拌面团至可扩展状态，加入B材料搅拌至面团光滑，搅拌入C材料至均匀，以切拌的方式加入D材料。

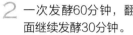

2　一次发酵60分钟，翻面继续发酵30分钟。

3　将面团分割为8个面团，醒发20~30分钟。

4　面团轻拍排掉大气泡，对折两次，再次滚圆成圆球形，收口朝下，放到烤盘，二次发酵30~40分钟。

5　烤箱预热220℃，将表面撒上高筋面粉，用划线刀割出格纹状，再放入烤箱烤制12~15分钟即可。

成品量

8个／每个80克

 材料

面团
A
高筋面粉 · · · 370克
蜂蜜 · · · · · 23克
盐 · · · · · · 7克
低糖酵母粉 · · · 3克
冰水 · · · · · 240克
B
奶油 · · · · · 12克
C
椰丝 · · · · · 20克
D
蜜渍菠萝 · · · · 80克

蜜渍菠萝
菠萝 · · · · · 750克
二砂糖 · · · · 250克
柠檬汁 · · · · 20克

表面装饰
高筋面粉 · · · · 适量

小贴士 TIPS

● 蜜渍菠萝可用市售的，若想自制，可将菠萝去皮后切大丁，和二砂糖、柠檬汁一起放入厚锅中，使用中小火煮至收汁，放凉即可。

—— 季节食材 ——

菠萝富含维生素及矿物质，最特别的是含有蛋白质分解酶，也就是大家俗称的菠萝酶，可以促进肠胃消化，有助于分解蛋白质。

火龙果酸奶面包

在泰国火龙果都被当作水果吃，当颜色艳丽的火龙果加到面团里后，
制作出的面包也是相当的好看，口味比较清淡的火龙果，
在这里搭配上酸奶，可以让面包更有风味。

预先准备

将火龙果去皮后，切成大块称重后备用。

 成品量

10个 / 每个60克

 做法

面团

1 将A材料倒入搅拌机的钢盆中搅拌面团至可扩展状态，再加入B材料搅拌至面团完成，一次发酵60分钟。

 材料

面团

A

高筋面粉	320克
细砂糖	32克
盐	4.8克
奶粉	10克
酵母粉	3.2克
火龙果肉	160克
酸奶	65克

B

奶油	32克

表面装饰

鸡蛋液	适量

2 将面团分割成10个，滚圆之后醒发15分钟。

3 面团轻拍，排掉大气泡，两手微微内弯，将面团由上往下折，最后压紧收口成橄榄形，二次发酵30~40分钟。

小贴士 TIPS

● 火龙果为新鲜水果，内含水分状况不一，因此需视当天面团状况调整其中水分，若面团太湿，可以加入适量的高筋面粉。

4 烤箱预热180℃；烤制前，在表面刷上鸡蛋液，再用剪刀在表面剪出数个尖角，即可放入烤箱烤制15分钟。

—— 季节食材 ——

火龙果富含花青素，尤其是红心火龙果，也是抗氧化的水果之一，另外它还有热量低、促进肠胃消化的优点。

酒酿桂圆面包

桂圆的果肉在加入面团中前，需先让它富含水分并回复柔软状态，
泡过红葡萄酒的桂圆可以让面包更有风味，
咀嚼的同时，不但散发面包的香气，也有酒香和桂圆的清甜。

预先准备 ┈┈┈┈┈┈┈┈┈┈┈┈┈┈┈┈┈┈┈┈┈┈┈┈┈┈┈┈┈┈┈┈

葡萄菌中种

前一天先将所有材料搅拌成团、手揉至光滑，于室温发酵至膨胀，再放入冰箱冷藏发酵12小时。

🧤 做法 ┈┈┈┈┈┈┈┈┈┈┈┈┈┈┈┈┈┈┈┈┈┈┈┈┈┈┈┈┈┈┈┈

面团

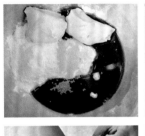

1 将A材料倒入搅拌机的钢盆中搅拌面团至可扩展状态。取出面团，包入B材料，以切拌的方式混匀，一次发酵60分钟，翻面再发酵30分钟。

2 将面团分割成3个并滚圆，醒发30分钟。

成品量

3个 / 每个250克

材料

葡萄菌中种
高筋面粉 · · · · · 180克
酵母粉 · · · · · · 0.4克
葡萄菌水 · · · · · 55克
水 · · · · · · · · 75克

面团
A
高筋面粉 · · · · · 180克
二砂糖 · · · · · · 18克
盐 · · · · · · · · · 5克
酵母粉 · · · · · · 1.8克
红葡萄酒 · · · · · 90克
水 · · · · · · · · 35克
葡萄菌中种 · · · · 全量
B
桂圆干 · · · · · · 75克
葡萄干 · · · · · · 35克
核桃 · · · · · · · 35克

表面装饰
高筋面粉 · · · · · 适量

──── 季节食材 ────

龙眼又称桂圆，是常见的滋补食材，中医认为其有养心安神的作用。现代人工作忙碌之余，若因为过度思虑影响睡眠，可适量服用。

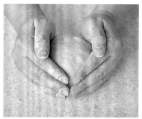

3 面团取出拍掉大气泡，收口朝上，将上端1/3面团往中心折，用掌根轻轻收口，将左端及右端1/3的面团以同样的方式成形，最后翻面滚圆成圆球状。

4 放入烤盘二次发酵40~50分钟，或至两倍大。

5 烤箱预热220℃；面团表面用筛网撒上高筋面粉，使用划线刀割出纹路，再放入烤箱烤制20分钟即可。

蜂蜜杂粮面包

在面团里加入杂粮粉，让面包增加多种口感及营养，
再加入蜂蜜增加面团的保湿能力，
让杂粮面包朴实的口感增加香气及柔软。

成品量

6个／每个100克

材料

液种面团

法国面粉 · · · · 90克
酵母粉 · · · · · 0.3克
水 · · · · · · · 90克

主面团

A

高筋面粉 · · · 210克
盐 · · · · · · · · 6克
酵母粉 · · · · · 1.5克
杂粮粉 · · · · · 45克
奶粉 · · · · · · · 9克
水 · · · · · · · 115克
蜂蜜 · · · · · · 30克

B

核桃 · · · · · · 45克

表面材料

全麦面粉 · · · · 适量

预先准备

1 B材料的核桃以烤箱150℃，烤制12~15分钟至有香气即可。

2 将液种材料混合均匀后，室温发酵2小时，冷藏发酵12~15小时。

做法

面团

1 将A材料及液种倒入搅拌机的钢盆中搅拌面团至可扩展状态，取出面团后，包入B材料切拌均匀，一次发酵60分钟。

2 将面团分割成6个，滚圆后醒发20分钟。

· 季节食材 ·

蜂蜜属于凉性食材，夏天总是高温潮湿，若适当的饮用蜂蜜水，对于降火气有很好的作用。

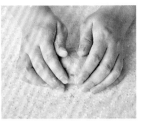

3 轻拍面团，排掉大气泡，两手微微内弯，将面团由上往下折，最后压紧收口成
橄榄形，再放入烤盘，二次发酵30~40分钟，或至两倍大。

4 烤箱预热220℃；烤前将面团撒上全麦面粉，划
线，放进烤箱以220℃烤制15~18分钟，若比较上
色，可中途将温度降低10℃。

橄榄油牛油果面包

牛油果通常拿来做沙拉，在这里牛油果取代了本来面团材料的油脂角色，
将牛油果肉打入面团中，让面包的色泽美丽，吃起来也更加柔软。

腰果事先以150℃烤制15分钟至有香气，切至葡萄干大小。

 做法

面团

1 将A材料倒入搅拌机的钢盆中搅拌面团至可扩展状态，取出面团后包入B材料切拌均匀，一次发酵60分钟。

2 将面团分割成10个，滚圆后醒发20分钟。

成品量

10个/每个60克

材料

面团

A

高筋面粉	225克
低筋面粉	65克
细砂糖	20克
盐	5克
低糖酵母粉	3.2克
牛油果果肉	130克
水	95克
初榨橄榄油	10克

B

| 腰果 | 50克 |

表面装饰

| 高筋面粉 | 适量 |

──· 季节食材 ·──

牛油果富含不饱和脂肪酸及维生素E，是具有抗氧化功能的食材。

3 轻拍面团排掉大气泡，将一半面团再次滚圆；另一半做成椭圆形，二次发酵30~40分钟。

4 烤箱预热220℃；烤制前面团表面撒上高筋面粉，划线，再放进烤箱烤制15分钟即可。

芒果卡仕达面包

面团成形时划上数个切口，除了增加造型，
也让面包在烘烤时，蒸发内馅中多余的水分；
芒果热情的颜色及浓郁的香气，都充满了热带风情，
卡仕达内馅的水分，除了芒果果泥还有牛奶，
让面包品尝起来就像夏天的芒果冰淋上炼乳一样，热情甜蜜。

成品量

12个／每个50克

材料

面团

A

高筋面粉・・・265克
低筋面粉・・・・65克
细砂糖・・・・・40克
盐・・・・・・・・4克
奶粉・・・・・・10克
酵母粉・・・・3.3克
水・・・・・・185克
鸡蛋・・・・・・33克

B

奶油・・・・・・33克

芒果卡仕达馅

蛋黄・・・・・・・2个
香草精・・・・・1滴
细砂糖・・・・・30克
低筋面粉・・・・10克
玉米淀粉・・・・10克
牛奶・・・・・100克
芒果果泥・・・150克
奶油・・・・・・20克
朗姆酒・・・・・10克

表面装饰

鸡蛋液・・・・・适量

 做法

芒果卡仕达馅

1 在盆中加入蛋黄、香草精、1/2量细砂糖搅拌均匀，再加入低筋面粉及玉米淀粉。

2 牛奶及芒果果泥倒入锅中并加入1/2细砂糖，以中小火加热至冒烟后，倒入做法1的配料中，边倒边搅拌。

3 再把倒回原本的锅内，上炉再次以中火一边加热一边搅拌至沸腾。

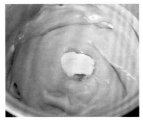

4 关火，加入奶油拌匀，再加入朗姆酒拌匀，在表面贴上保鲜膜，在锅中冷却。

面团

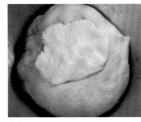

5 将A材料倒入搅拌机的钢盆中搅拌面团至可扩展状态，加入B材料，搅拌至可拉出薄膜，一次发酵60分钟。

6 面团分割为12个后滚圆，醒发15~20分钟。

季节食材

芒果含有丰富的维生素A、维生素C以及膳食纤维，但是甜度也相当高，最好控制食用量。

7 面团擀开，面团下方放上芒果卡仕达馅，将上方面团往下折并捏紧收口，用刮板将面团平均切出切口，二次发酵30~40分钟。

8 烤箱预热180℃；面团表面刷鸡蛋液后，再放入烤箱烤制15分钟即可。

小贴士 TIPS

● 保鲜膜贴紧卡仕达酱表面具有保湿效果，可避免其干燥而变硬。

百香果乳酪贝果

将百香果的果肉挖出来打碎，连籽一起揉入面团中，
除了富含营养及膳食纤维，
在食用面包时也多了口感的趣味性。

将百香果切半，用汤匙挖出内部果肉称重后备用。

 材料

做法

内馅

1　将奶油乳酪和奶油拌匀，再隔筛网加入糖粉拌
匀，最后拌入柠檬皮即可。

面团

面团

高筋面粉	210克
低筋面粉	90克
二砂糖	18克
盐	4.5克
低糖酵母粉	3克
百香果果肉	180克
奶油	18克
水	10~15克

烫面水

水	1000克
二砂糖	50克

内馅

奶油乳酪	100克
奶油	10克
糖粉	15克
柠檬皮	1个

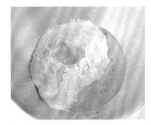  

2　将面团所有材料倒入搅拌机的钢盆中搅拌至面团
成光滑状态，再放冰箱冷藏，一次发酵30分钟。

3　将面团分割成6个，滚
圆后醒发10分钟。

 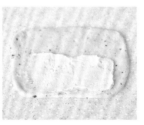

4　面团擀成四方形，抹上20克乳酪内馅，除了上
面，另外三边留白不抹。

───── 季节食材 ·

百香果的金黄色泽来自
类黄酮，它有消炎的作
用，不仅如此，百香果
也含有丰富的维生素，
特殊的香气可以舒缓压
力、帮助睡眠。

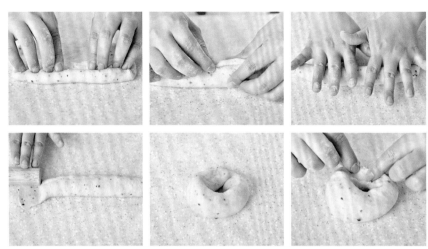

5 由上往下卷成长条状，并将收口捏紧，将其中一端擀成汤匙形，将另一端绕过
来包好收口。

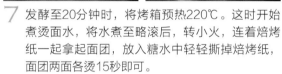

6 放置于白色焙烤纸上，放在烤盘上二次发酵30
分钟。

7 发酵至20分钟时，将烤箱预热220℃。这时开始
煮烫面水，将水煮至略滚后，转小火，连着焙烤
纸一起拿起面团，放入糖水中轻轻撕掉焙烤纸，
面团两面各烫15秒即可。

8 捞出面团沥干，放置于烤盘上，再放入烤箱烤制
15~18分钟即完成。

蜂蜜柚香面包

天气热的时候就会想吃酸酸的食物，
有一次吃到好吃的柚子皮干，酸酸甜甜带一点苦，以及柚子皮独特的香气，
就让我设想出这款蜂蜜柚香面包，
让夏天的食欲不振，多了一些提神的香气。

成品量

6个 / 每个100克

材料

面团

A

高筋面粉	265克
低筋面粉	65克
盐	5克
奶粉	7克
低糖酵母粉	3.3克
水	200克
蜂蜜	33克
橄榄油	10克

B

柚子皮果干	50克

表面装饰

高筋面粉	适量

预先准备

将柚子皮果干切成葡萄干大小备用。

做法

面团

1 将A材料倒入搅拌机的钢盆中搅拌至面团成光滑的状态，取出面团包入B材料，以切拌的方式混匀，一次发酵60分钟。

2 将面团分割为6个并滚圆，醒发15~20分钟。

─── · 季节食材 · ───

柚子的果肉富含膳食纤维及维生素，柚子皮在晒干后，也是一种很好的中药材，而柚子皮性温，有止咳化痰的作用。

184   CHAPTER 2   一起练习做面包

3 拍掉面团大气泡，从上端往下方1/3处折并收口，重复2~3次，做成长条形，再将面团弯成U形，放烤盘上
发酵30~40分钟。

4 烤箱预热220℃，将发酵好的面团表面撒上高筋面
粉，划线，放入烤箱烤制15分钟即完成。

玫瑰茄果酱面包

果酱面包，是很多人小时候的回忆，一口面包搭配一点果酱，好吃得不得了！
这次选用玫瑰茄果酱，让夏天多一抹红色的宝石光泽。

面团

 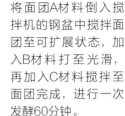

1 将面团A材料倒入搅拌机的钢盆中搅拌面团至可扩展状态，加入B材料打至光滑，再加入C材料搅拌至面团完成，进行一次发酵60分钟。

2 将面团分割成10个后滚圆，醒发15分钟。

3 将面团的三边擀开呈三角形，中心放上1小匙果酱。

4 将三边往中心折，收口捏紧呈三角形，收口朝下，放在烤盘上二次发酵30~40分钟。

5 烤箱预热180℃；表面刷鸡蛋液，剪一个开口再撒上杏仁片，再放进烤箱烤制15分钟即可。

成品量

10个／每个50克

材料

面团
A

高筋面粉	215克
低筋面粉	55克
盐	4克
奶粉	8克
酵母粉	2.7克
水	135克
鸡蛋	27克
蜂蜜	8克

B

奶油	27克

C

玫瑰茄果酱	40克

内馅

玫瑰茄果酱	60克

表面装饰

鸡蛋液	适量
杏仁片	适量

—— 季节食材 ——

玫瑰茄，又称洛神花。夏天很适合喝一杯洛神花茶，可以消暑、帮助消化，也有利于降低胆固醇，可以说是植物界的红宝石。

枫和日栗面包

杏仁奶油馅常被用在甜点中，
这次和面包做搭配，加上枫糖面团，再放上栗子，
像在做甜点般地堆叠上各种美味的元素

杏仁奶油内馅

1 先将奶油、细砂糖、杏仁粉和低筋面粉拌匀，再分次加入鸡蛋和香草精混合均匀，最后加入朗姆酒拌匀。

面团

 面团

2 将A材料倒入搅拌机的钢盆中搅拌至面团成光滑的状态，加入B材料，搅拌至完成。一次发酵60分钟。

3 面团分割成12个，滚圆后醒发10~15分钟。

4 面团排气拍扁，包入15克的杏仁奶油内馅，收口朝下，放到墨西哥纸模中，二次发酵30~40分钟，或膨胀至两倍大。

5 烤箱预热180℃；烤制前在表面刷上鸡蛋液，面团表面周边撒一圈杏仁角，中心剪一个十字，再放上糖渍栗子，即可放入烤箱烤制15分钟。

成品量

12个 / 每个**50克**

材料

面团

A

高筋面粉	255克
低筋面粉	65克
细砂糖	16克
盐	4克
奶粉	10克
酵母粉	3.2克
枫糖浆	32克
鸡蛋	32克
水	175克

B

奶油	32克

杏仁奶油内馅

奶油	50克
细砂糖	50克
杏仁粉	50克
低筋面粉	5克
鸡蛋	50克
香草精	1滴
朗姆酒	5克

表面装饰

鸡蛋液	适量
杏仁角	适量
糖渍栗子	12个

—— 季节食材 ·——

秋天一到，路边常有卖糖炒栗子的摊贩，香气十足。栗子富含营养，富含碳水化合物、蛋白质、脂质、维生素及膳食纤维。

芝麻菠菜黑麦面包

将菠菜泥加到面团中搅拌，烘烤后不会有菠菜特有的涩味；
再加上芝麻的香气，是一款营养又富含膳食纤维的面包。

1 菠菜洗净后，去除根部、切小段，用开水烫后泡一下冷水，稍微沥干水分，再放入食物调理机中打成泥备用。

2 白芝麻用150℃烤制15分钟，烤至表面金黄、有香气。

成品量

8个 / 每个80克

材料

面团

A

高筋面粉	370克
细砂糖	11克
盐	6.7克
低糖酵母粉	3.7克
菠菜泥	185克
水	37克
米糠油	20克

B

白芝麻	37克

内馅

蜜黑豆粒	80克

表面装饰

鸡蛋液	适量

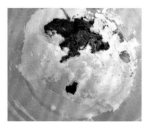
做法

面团

1 将A材料倒入搅拌机的钢盆中搅拌面团至可扩展状态，加入B材料，搅拌至完成。一次发酵60分钟。

2 将面团分割为8个，滚圆后醒发10~15分钟。

3 面团排气拍扁，包入6~7颗蜜黑豆粒，收口捏紧成圆球状，收口朝下，二次发酵30~40分钟，或膨胀至两倍大。

4 烤箱预热200℃，烤制前，面团表面用筛网撒上高筋面粉，再放入烤箱烤制15分钟。

—— 季节食材 ——

菠菜富含维生素C、铁和钙，因含有大量草酸，可以将菠菜烫后再料理，也能减少食用时牙齿的生涩感。

焙姜南瓜面包

老姜温热的辛辣味和南瓜的甜味很搭，
在冬天里多吃老姜也可以让身体温暖，
另外将南瓜泥打入面团，所呈现出来的颜色也十分诱人。

预先准备

南瓜泥

1 南瓜洗净剖半，将内部的瓤囊及籽用汤匙挖出。

2 将南瓜整个刷上一层葡萄籽油。

3 用铝箔纸将半个南瓜包起来，放入烤箱，以180℃烤制30分钟。

4 用汤匙将南瓜肉挖出来，放凉备用。

 做法

南瓜乳酪馅

 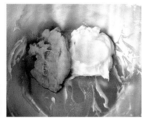 

1 奶油乳酪提前放至室温变软，用打蛋器拌软后，加入细砂糖搅拌，再加入鲜奶油拌匀。

2 分次加入南瓜泥、姜泥拌匀至吸收。

3 可依个人喜好加入适量肉桂粉增添香气。拌完后放入冰箱冷藏半小时，这样成形后包入内馅时会更好操作。

面团

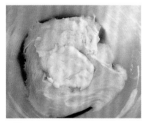 

4 将A材料倒入搅拌机的钢盆中搅拌面团至可扩展状态，加入B材料搅拌至完成，一次发酵60分钟。

 成品量

10个/每个60克

材料

面团
A

高筋面粉	300克
细砂糖	30克
盐	4.5克
酵母粉	3克
南瓜泥	150克
姜泥	20克
鸡蛋	30克
牛奶	70克
姜泥	15克

B

奶油	30克

南瓜泥

南瓜	1个

南瓜乳酪馅

奶油乳酪	50克
细砂糖	15克
鲜奶油	15克
南瓜泥	150克
姜泥	15克
肉桂粉	适量

表面装饰

鸡蛋液	适量
南瓜子仁	10个

小贴士 TIPS

● 因南瓜大小不同，烤制时间也会有所差异，只要用筷子可以轻易穿过就代表熟了。

  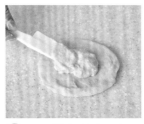

5 面团分割成10个，滚圆后醒发10~15分钟。

6 面团排气拍扁，包入1大匙的南瓜乳酪馅，收口捏紧成圆球状。最后发酵30~40分钟，或膨胀至两倍大。

7 烤箱预热180℃；烤制前，在表面刷上鸡蛋液，剪十字，再放入烤箱烤制15分钟。烤好之后，在中心放上一个南瓜子仁即可。

—— 季节食材 ·——

南瓜含有丰富的淀粉及维生素A，虽然为瓜类，但是在中医里却属温性。另外，南瓜因富含淀粉，食用时属于主食类，因此最好控制其他淀粉类的摄取量。

枸杞胡萝卜坚果面包

枸杞和胡萝卜都含有β-胡萝卜素，因此加到面团里，会有漂亮的色泽，
食用时能品尝到淡淡的甜味，
搭配坚果不仅香气丰富，口感也更多变。

成品量

6个／每个100克

材料

面团

A

枸杞	36克
水	90克
胡萝卜泥	150克
高筋面粉	300克
细砂糖	30克
盐	4.5克
酵母粉	3克

B

奶油	25克

表面装饰

黑芝麻	适量
白芝麻	适量
南瓜子仁	适量
葵瓜子仁	适量

预先准备

1 枸杞洗净后，用水泡软并沥干后备用。
2 胡萝卜洗净去皮，切大块，蒸熟后打成泥，放凉备用。

做法

面团

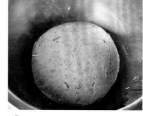

1 将A材料倒入搅拌机的钢盆中搅拌面团至可扩展状态，加入B材料，搅拌至完成，一次发酵60分钟。

2 将面团分成6个，滚圆后醒发15分钟。

3 面团擀开成10厘米×15厘米的长方形，由上而下卷起，收口捏紧成长条形。

季节食材

枸杞富含β-胡萝卜素，有明目的功效；也含有花青素，其是抗氧化物质，但不适合吃太多，可能会有上火、流鼻血的状况。

4 将表面装饰材料倒在一个长方形平盘里；面团表面喷水，再滚上表面装饰材料。二次发酵30~40分钟或膨胀至两倍大。烤箱预热190℃；等面团发酵好，即可放入烤箱烤制15~18分钟。

小贴士 TIPS

● 做法4面团表面喷水的步骤，若家中没有喷水瓶，也可准备一块干净的湿布，拿起面团，将表面蘸一下湿布即可。

黑糖地瓜汤种吐司

黑糖的香气和地瓜泥融合在吐司里，而地瓜属于□□□□，享用吐司时也补充了膳食纤维；咀嚼的同时，能感受到吐司软弹以及地瓜绵密的双重口感。

预先准备

1 将汤种材料倒入锅子拌匀后，中火煮至浓稠状，放凉后，盖上保鲜膜贴紧面糊表面，放冰箱冷藏一夜备用。

2 将内馅材料的地瓜去皮切大块，蒸熟后，称取地瓜300克，趁热加入15克的奶油搅拌均匀。

3 称取热水166克，加入配方里的黑糖50克，拌匀溶化后，放冰箱冷藏备用。

4 在水果条模内部抹上奶油备用。

成品量

4条／每条150克

模具

水果条模
4个
（15.1厘米×6.7厘米×6.7厘米）

材料

汤种面团

高筋面粉	10克
水	50克

主面团

A

高筋面粉	310克
盐	5.4克
奶粉	10克
酵母粉	3克
水	176克
黑糖	50克
汤种面团	60克

B

奶油	32克

内馅

地瓜	300克
奶油	15克

表面装饰

鸡蛋液	适量
二砂糖	适量

做法

面团

1 将A材料倒入搅拌机中搅拌，依面团干湿状况添加水，搅拌至可扩展的状态，加入B材料搅拌至产生薄膜，一次发酵60分钟。

2 将面团分割为4个滚圆，醒发15~20分钟。

3 将面团擀开成15厘米×20厘米的长方形，抹上内馅，面团下方2厘米留白不抹，以利收口。

—— 季节食材 ——

地瓜含有丰富的膳食纤维、维生素C以及β-胡萝卜素，连皮一起吃的话，能摄取更多膳食纤维，而地瓜所含的碳水化合物，可延长饱腹的时间。

4 接着将面团由上往下卷起来，收口捏紧为长条形。

5 使用刮板切三等份，放入烤模中，二次发酵40~50分钟，或发酵至与模型同高。

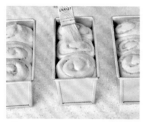

6 烤箱预热190℃；将面团表面刷上鸡蛋液，撒上二砂糖，再放入烤箱烤制20分钟即成。

芋头汤种面包

将芋头蒸熟后，细心地压成泥，
再加入奶油及细砂糖适当调味，就制成了好吃又不腻的自制芋泥，
使用汤种法制作的面团，特别适合制作像这样的点心，
面包松软，内馅绵密，无法不爱上这款面包。

成品量

12个 / 每个50克

材料

汤种面团
高筋面粉 · · · · · 10克
水 · · · · · · 50克

主面团
A
高筋面粉 · · · · 320克
细砂糖 · · · · · 40克
盐 · · · · · · · 4克
奶粉 · · · · · · 10克
酵母粉 · · · · · 3.3克
水 · · · · · · 150克
鸡蛋 · · · · · · 33克
汤种面团 · · · · 60克
B
奶油 · · · · · · 33克

奶油芋泥内馅
芋头 · · · · · 300克
奶油 · · · · · · 20克
细砂糖 · · · · · 60克
牛奶 · · · · · · 40克
盐 · · · · · · 少许

表面装饰
鸡蛋液 · · · · · 适量
杏仁片 · · · · · 适量

—— · 季节食材 · ——

芋头煮熟后质地细软，又有特殊的香气，适合各种烹调方式，且甜咸皆宜。在处理芋头时，芋头的黏液容易让手掌发痒，可以戴上手套后处理。

预先准备

将汤种材料倒入锅内拌匀后，以中火煮至浓稠状，放凉，盖上保鲜膜贴紧面糊表面，放冰箱冷藏一夜备用。

做法

奶油芋泥内馅

1 将芋头去皮切大块，蒸熟后，称取300克，趁热压成泥，并与其他材料拌匀，放凉后，再用保鲜膜包好备用。

主面团

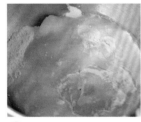 

2 将A材料及汤种倒入搅拌机的钢盆中搅拌面团至可扩展状态，再依面团干湿状况添加水，加入B材料搅拌至产生薄膜，一次发酵60分钟。

3 将面团分割成12个滚圆，醒发10~15分钟；将奶油芋泥内馅分成12个滚圆备用。

4 将面团排气、拍扁，包入25克奶油芋泥内馅，面团收口成圆球状，放入烤盘，二次发酵30~40分钟，或发酵至两倍大。

5 烤箱预热180℃；将面团表面刷上鸡蛋液，表面撒上杏仁片，再放入烤箱烤制15分钟即可。

小贴士 TIPS

● 做法5在面团表面刷上鸡蛋液时，刷子与面团表面平行且轻轻刷过，避免太大力使刷毛戳到面团而留下刷痕。

图书在版编目（CIP）数据

超人气家庭面包制作食谱 / 吴育娟著. —北京：中国
轻工业出版社，2021.12
ISBN 978-7-5184-3318-6

Ⅰ.①超… Ⅱ.①吴… Ⅲ.①面包—烘焙
Ⅳ.①TS213.21

中国版本图书馆CIP数据核字（2020）第250205号

责任编辑：马　妍　张浅予　　责任终审：李建华　　整体设计：锋尚设计
策划编辑：马　妍　　　　　　责任校对：朱燕春　　责任监印：张　可

出版发行：中国轻工业出版社（北京东长安街6号，邮编：100740）
印　　刷：北京博海升彩色印刷有限公司
经　　销：各地新华书店
版　　次：2021年12月第1版第1次印刷
开　　本：787×1092　1/16　印张：12.75
字　　数：50千字
书　　号：ISBN 978-7-5184-3318-6　定价：68.00元
邮购电话：010-65241695
发行电话：010-85119835　传真：85113293
网　　址：http://www.chlip.com.cn
Email：club@chlip.com.cn
如发现图书残缺请与我社邮购联系调换
200685S1X101ZYW